重点建设工程施工技术与管理创新 8

北京工程管理科学学会 编

中国建筑工业出版社

图书在版编目（CIP）数据

重点建设工程施工技术与管理创新 8/北京工程管理科
学学会编. —北京：中国建筑工业出版社，2015.9
ISBN 978-7-112-17708-0

Ⅰ.①重… Ⅱ.①北… Ⅲ.①建筑工程-工程施工-施
工技术-文集②建筑工程-施工管理-文集 Ⅳ.①TU7-53

中国版本图书馆 CIP 数据核字（2015）第 013198 号

本书为北京工程管理科学学会推出的《重点建设工程施工技术与管理创新》系列的第 8 本。本册仍秉承务实创新的思想，向广大工程技术人员提供年度内最新工程项目施工技术与管理经验的总结。本书包括地基与基础工程论文 9 篇，建筑结构工程论文 7 篇，建筑装饰工程论文 2 篇，市政与地铁工程论文 7 篇，以及工程管理论文 5 篇。本书可作为工程施工技术及管理人员的工作参考书，也可作为高等院校土木工程、工程管理等相关专业师生的学习参考用书。

责任编辑：刘　江　赵晓菲　张　磊
责任设计：李志立
责任校对：姜小莲　刘　钰

重点建设工程施工技术与管理创新　8
北京工程管理科学学会　编

*

中国建筑工业出版社出版、发行（北京西郊百万庄）
各地新华书店、建筑书店经销
北京红光制版公司制版
北京圣夫亚美印刷有限公司印刷

*

开本：787×1092 毫米　1/16　印张：14¼　字数：347 千字
2015 年 1 月第一版　　2015 年 1 月第一次印刷
定价：**40.00** 元
ISBN 978-7-112-17708-0
（26914）

编 委 会 成 员

序

　　为进一步推进施工企业员工自主创新，总结建筑施工技术和管理创新的成果，促进施工企业科技与管理进步，2014 年，北京工程管理科学学会开展了青年优秀论文竞赛活动。各会员单位共上报学术论文 58 篇，经专家评选出优秀创新论文 30 篇，编成《重点建设工程施工技术与管理创新 8》。其中包括地基与基础工程论文 9 篇，建筑结构工程论文 7 篇、建筑装饰工程论文 2 篇、市政与地铁工程论文 7 篇，以及工程管理论文 5 篇。全书总计 30 余万字。

　　《重点建设工程施工技术与管理创新 8》展示了学会会员单位 2014 年度建设工程施工技术与管理创新、创效的成果，希望对进一步推进新科研成果的传播、利用和提高施工企业管理创新、创效能力有一定的促进作用。

北京工程管理科学学会

理事长：丁传波

2014 年 12 月 20 日

目　　录

建筑装饰工程

市政与地铁工程

工程管理

室内静压钢管桩在某改造工程中的应用

辛海京[1]　辛忠一[2]

（1. 北京建工集团总承包部；2. 中国建筑工程总公司建筑加固改造与病害处理研究中心）

【摘　要】 随着城市的高速发展，城市土地可谓寸土寸金，在绿色施工的大趋势下，对于城区内老旧既有建筑功能改造是大势所趋，但在改造过程中，建筑物地基承载力不足的问题尤为突出，如何有效地解决建筑物原有地基承载力不足的问题也成了加固改造工程的难点。静力压钢管桩通常是在室外广阔的场地下施工，然而室内静压桩技术是在既有建筑物功能改造及地基基础加固施工中必须要面对的难题。本地基加固工程中，在室内狭小空间高度仅为 3150mm 条件下进行静力压 10m 长钢管桩，而且巧妙地施加 24 多 t 重量，即配重，有效地将钢管桩分节压入地基，同时采用 S 形打桩顺序，防止产生挤土效应，并且严格控制桩身垂直度，最终圆满完成了施工，符合设计要求，经济效益显著，具有广泛的社会推广价值。

【关键词】 加固改造；绿色施工；室内锚杆静压桩技术；出现裂缝；桩中心距；挤土效应；桩身垂直度

1　工程概况

本工程为天津配餐公司办公楼加固改造工程，要求对层高为 3300mm 的办公楼功能间重新布置，需拆除原有墙体，增加新的墙体，将大厅扩成三个开间，上下两层。由于将大厅扩成三个开间，每个房间墙体下部需要增加墙体基础。本工程是对办公楼楼板先进行支顶，然后拆除原有承重墙，新增加分隔墙，代替原有承重墙，新砌筑墙体下增加基础，即静压钢管桩与混凝土承台组成新的承重体系，要求支撑卸载后新砌筑墙体不能下沉，与原有结构协同工作，即避免后期使用过程中，新砌筑墙体与原有结构结合部位出现裂缝。

2　本工程重点和难点分析

本工程有四大难点：（1）一般情况下，静压钢管桩都是在室外进行施工，场地宽广，但本工程是在高度仅仅为 3150mm 条件下室内静力压 10m 长的钢管桩，室内净高较低，大型设备无法进入室内施工。可按现场实际情况制作压桩架，钢管桩按 2m 进行分段分节压，压到底部后再进行桩头打坡口焊接接桩。由于静压钢管桩时，竖向压桩力设计值为

240kN，即如何在3150mm高度下施加24多吨的重量，是施工难点，常规压桩机械无法有效地作业，即无法正向向下施加压力，本工程利用反力支架将整个建筑物自重作为反力有效地为静压桩时提供足够压桩力。（2）要求新砌筑墙体与原有结构协同工作，避免产生裂缝，是第二个难点。（3）桩中心距较小，仅仅为800mm，桩直径为200mm，桩间净距为600mm，易产生挤土效应，这是难点三。（4）地基土为淤泥，桩自身垂直度较难控制，是本工程难点四。

3　静力压钢管桩施工

依据设计要求，在⑨轴、⑫轴位置各设置18根静压钢管桩，钢管桩采用$\phi 200 \times 10$无缝热镀锌开口钢管，单桩竖向承载力特征值为80kN，压桩力为240kN，持续时间为5min，桩长定为10m。施工程序如下：

3.1　地面破碎、拆除及回填土开挖

依据施工图纸，确定地面拆除的外边线，并做好标记。拆除时先用风镐破碎地面混凝土，然后人工开挖室内回填土至设计标高。挖土时确定合理的挖土顺序，随退随挖。基坑开挖过程中，要在基坑的适当位置挖集水井和排水沟，要求集水井深度不小于300mm，排水沟深度不小于150mm，并及时将地下水排到室外指定位置。开挖时密切关注周边地面变化，有些部位应该做相应挡土措施。

3.2　原基础钻孔

由于新做基础与原有基础有重合，为使承台的荷载完全传递给静压桩，需在原基础上钻孔，钻孔直径为300mm，钻孔位置满足图纸要求。静力压桩平面布置图如图1所示。新砌筑墙体下基础承台和钢管桩节点图如图2所示。

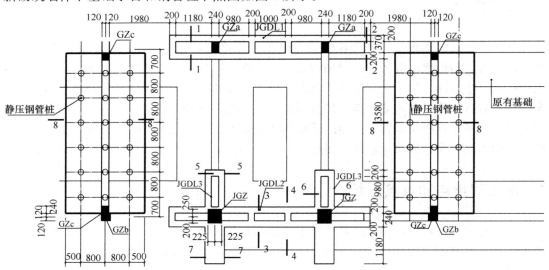

图1　静力压桩平面布置图

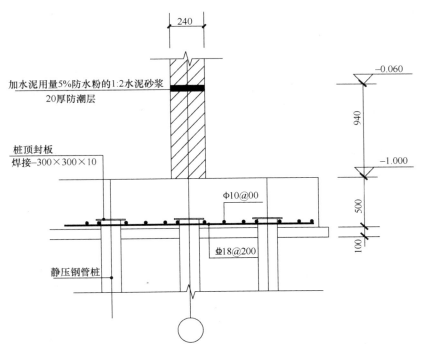

图2 新砌筑承重墙下基础承台和钢管桩节点图

3.3 垫层施工

基坑开挖完成后，要及时打垫层。垫层采用C20混凝土，现场机械搅拌，人工运至室内进行浇筑。垫层浇筑时按静压桩位置预留压桩孔，压桩孔为下大上小的正方体棱台状，下端为400mm×400mm，上端为300mm×300mm。

3.4 静压钢管桩施工

垫层混凝土达到设计强度的80%后可进行静压钢管桩。静压钢管桩为$\phi200\times10$无缝热镀锌开口钢管，钢管桩单桩竖向承载力特征值为80kN，压桩力为240kN，持续时间为5min，桩长定为10m。先把千斤顶和反力架安装就位，然后开动油泵，千斤顶活塞伸出，当活塞顶部与反力架上横梁接触时，用千斤顶施加压力，对钢管桩产生向下压力，钢管桩对千斤顶施加向上反力，将支架钢横梁顶起，钢横梁带动两侧竖向支架，由于竖向支架底部用螺栓与钢梁连接，钢梁与原有混凝土基础采用1m长后植M25螺栓连接，原结构自重便通过后植螺栓、反力架立柱传递至上反梁，给千斤顶顶部提供一定压力，继续顶出活塞，千斤顶顶部压力逐渐增大，压力通过千斤顶自身传至钢管桩顶，这样就等于将两侧竖向支架通过后植螺栓将建筑物整个基础向上提起，由于建筑物自重很大，根本无法提起，即M25螺栓产生向上的拉力T无法将建筑物基础向上提起，通过力的传递，千斤顶横梁两侧分别产生向下的压力$N/2$，在千斤顶处即为向下的压桩力N，当压桩力N大于钢管与地基土向上的摩擦力f时，钢管桩便缓慢压入地基土中。随着钢管桩压入深度增加，钢管外壁与地基土接触面积逐渐增加，摩擦力逐渐增大，直至达到设计压桩力，结果造成

3

钢管桩不断被压下去，其受力分析图如图3所示。通过这个支架，将钢管桩压入地下，巧妙地实现了向下施加240kN，约24t重的荷载，将钢管桩化整为零，分段压入并焊接，解决了空间高度不足的难题，最终将10m长钢管桩全部压入地下，待桩头封闭后，所有钢管桩成为整体，形成群桩，为上部结构提供约400t承载力，保证新砌筑墙体与原有结构协同工作，从结构上增强了建筑物的整体性，提高了建筑物的抗震能力。同时，对于新砌筑的墙体，在相应墙体顶部与楼板接触部位，通过化学植筋的方法，将1ϕ12钢筋植入楼板内10d（d为钢筋直径），钢筋间距为1000mm，植入钢筋下部弯折成"L"形状，形成吊筋，将砌筑墙体顶部有效地与楼板拉结，避免了建筑物后期使用过程中，新老结构结合部位产生裂缝现象，施工现场如图4所示。

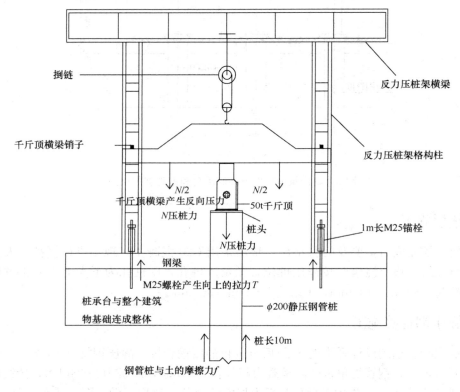

图3　千斤顶支架静力压桩受力分析图

　　压桩时严格控制压桩速率。前期压桩力不要过大，缓慢加载，避免前期压桩力过大，造成失稳。压桩过程应持续，中途不得停顿，若中途必需停顿，桩尖应该停留在软弱地层，且停顿时间不得超过24h。压桩达到设计压桩力时继续持荷5min。压桩过程中做好压桩记录。

　　压桩过程中，用千分表对基础进行实时监测，若基础变形超过$L/1000$，则停止压桩，分析原因，采取措施后再进行压桩。由于桩间净距为600mm，易产生挤土效应，为此施工时采用开口钢管桩，压桩时按S形路线压桩，有效地将压桩过程中产生的水平荷载向另外一个方向传递。

图 4　千斤顶支架反力传力装置

3.5　接桩

　　焊接接桩前对准上、下节桩的垂直轴线，清除焊面铁锈后进行满焊。焊接时先对称点焊，使两侧受力均匀，减少变形；施焊结束后，应检查焊接质量，对漏焊或焊缝高度不够的，应及时进行补焊。由于地基土为淤泥，同时受施工条件狭小限制，压桩过程中，桩很容易倾斜，桩自身垂直度较难控制，对于这个难点，施工中采取了应对措施，即采用两台经纬仪，利用垂线法从夹角为 90° 的两个方向对桩的垂直度进行监测。压桩的垂直度控制极其重要，除了压桩初始校核垂直度外，压桩全程应连续控制；同时保持千斤顶与桩段轴线在同一垂直线上，千斤顶的施加压力中心与截面形心重合，千斤顶安放偏差不大于 20mm。桩段在压入时连续控制桩位的偏差，每压入一节深度就与参照物进行校对，及时记录压入深度及压桩力。这样就有效地解决了桩身垂直度的问题。待焊接处冷却后涂刷一遍沥青油进行防腐处理。最后一节钢管静压前到基础上表面约 300mm 时，将封管钢板焊接到钢管上，然后继续压至设计标高。

3.6　压桩结束、封桩头

　　桩顶端达到设计标高后，经验收合格后，对压桩孔用 C35 混凝土进行封桩处理。

3.7　基础承台支模、浇筑混凝土施工

　　混凝土均采用 C35 泵送商品混凝土。混凝土待钢筋绑扎完毕，模板支设完毕并加固牢固，预埋、预留准确后方可浇筑。混凝土振捣时，振动棒交错有序，快插慢拔，不漏

振，也不过振，振动时间控制在 20～30s。振捣时间以表面混凝土不再显著下沉，不再出现气泡，表面泛起灰浆为准。在有间歇时间差的混凝土界面处，为使上、下层混凝土结合成整体，振动器应插入下层混凝土 50mm 处。振动棒插点要均匀排列，采用"行列式"或"交错式"的次序（不能混用），每次移动位置的距离控制在 500mm 左右。同时预留压桩孔模板要封盖，避免施工过程中混凝土或杂物掉入压桩孔内。

4 新技术应用

该加固工程推广应用的建筑业新技术有 3 项，总结 1 项省市级工法（表 1）。

新 技 术 应 用
表 1

序号	分部工程名称	具 体 做 法
1	静力压桩施工技术	室内静力压钢管桩施工技术，将建筑物自重作为反力，对地基基础有效地施加压力，将 10m 长钢管桩分段压入地下
2	裂缝控制技术	新砌筑墙体与原有楼板顶部下吊筋拉结，整体协同沉降，避免产生裂缝
3	普通地基压钢管桩防挤土施工技术	在淤泥质土地基下压钢管桩防挤土效应，钢管桩净距非常小，采用 S 形打桩路线，防止将钢管桩挤偏
4	施工过程检测和控制技术	在淤泥质土等软弱地基下，保证钢管桩身垂直度可采用两台经纬仪，利用垂线法从夹角为 90°的两个方向对桩的垂直度进行监测，确保桩身垂直

对于沉降和水平位移检测，在土方开挖期间和开挖后 4d 内，每天观测 1 次，开挖到承台垫层底标高后，连续 4d，每天观测；建筑物倾斜观测，可在开挖前观测和开挖到承台垫层底标高后每 2d 观测 1 次。若遇到险情或特殊情况，应加大观测频率。

5 结语

本工程针对天津配餐公司办公楼改造过程，利用室内静压桩技术成功地解决了新增承重墙地基承载力不足的问题。工程工期共 15d，共压入 36 根桩，施工过程中，根据现场实际情况设计制作整体可拆解反力压桩架，提高了压桩架的适用性及施工效率。工程已于 2013 年 5 月竣工。经 1 年多后期沉降观测，钢管桩与混凝土承台均处于安全、整体的工作状态，新增承重墙体与原有结构处无任何裂缝迹象，业主反映良好。

这个工程当时压桩费是 11 万～12 万元，要是纯粹从正向施加配重角度考虑的话，而不采用反力压桩架施加反力，即不利用原有整个建筑物自重施加反力，那样所有压桩反力全利用人工倒运砂袋作为配重，光人工费一项就不止 18 万元，而采用反力架巧妙施加反力，制作反力压桩架人工费和材料费及挪动反力压桩架仅用了 1 万元，实际费用只有原来的 1/18，而且工期节省了 12d。

室内静压桩技术的成功应用，说明了设计的正确性和施工的合理性，在当前推行绿色施工和节能的趋势下，在保证质量和安全等基本要求前提下，通过科学管理和技术进步，最大限度地节约资源，实现"四节一环保"（节能、节地、节水、节材和环境保护）。本工程从降低扬尘、减少噪声、做好施工垃圾处理等环节入手，收到了良好效果。另外，室内锚杆静压桩技术未采用人工倒运砂袋的方法，本身就节约了材料，尽量保留和利用原有建筑物结构，少拆或不拆除原有基础和构件，都是建立绿色施工和推行低碳建筑及节能技术的具体体现，同时也为既有建筑物功能改造时地基基础加固问题提供了较好的参考价值和指导作用，具有社会意义，还为类似工程施工积累了经验，很值得进一步推广和广泛应用。

参考文献

[1]　GB 50550—2010 建筑结构加固工程施工质量验收规范. 北京：中国建筑工业出版社，2011.
[2]　GB 50367—2013 混凝土结构加固设计规范. 北京：中国建筑工业出版社，2014.
[3]　GB 50007—2011 建筑地基基础设计规范. 北京：中国计划出版社，2012.
[4]　JGJ 46—2005 施工现场临时用电安全技术规范. 北京：中国建筑工业出版社，2005.
[5]　JGJ 123—2012 既有建筑地基基础加固技术规范. 北京：中国建筑工业出版社，2013.

干硬性混凝土柱锤冲扩桩在停车场地基处理中的应用

韦晓峰　张志永　孙玉文　常　薇　杨永诚

（北京城乡建设集团工程承包总部）

【摘　要】　北京地铁 14 号线张仪村停车场共 12 个建筑单体，总建筑面积 57484m²。工程地质情况根据勘察报告显示，场区地下为杂填土和生活垃圾，不满足设计承载力要求，需要进行地基处理，设计方对比目前常用的几种地基处理形式及经专家论证，最终采用干硬性混凝土柱锤冲扩桩复合地基，设计总地基处理面积近 7 万 m²，设计施工桩数约 45000 根，总长 30 万余平方米。

干硬性混凝土柱锤冲扩桩桩身为干硬性混凝土经细长锤夯扩加固挤密形成的挤密实体，由于其施工工艺的特殊性，可达到挤密周围土体从而提高地基承载力的地基加固效果。由于该地基处理方式为地铁工程首例，虽然施工范围大、数量多，但经合理部署组织施工，不但按时完成施工计划、经检测地基承载力满足设计要求，而且为该工艺在以后地铁工程中的推广应用提供了成功的施工案例。

【关键词】　干硬性混凝土；冲扩桩；地基

1　工程概况

北京地铁 14 号线张仪村停车场工程位于北京市丰台区大瓦窑，为 14 号线工程西段停车场，占地约 22hm²（图 1、图 2）。结构形式为以组合库为主的排架结构和以综合楼为主的框架结构。场区地质条件复杂，是近期形成的建筑垃圾和生活垃圾填埋场，地基处理形式为干硬性混凝土柱锤冲扩桩复合地基。

图 1　张仪村停车场鸟瞰图

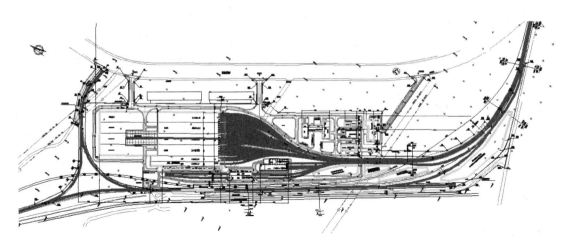

图 2　张仪村停车场总平面图

2　干硬性混凝土冲扩桩作用机理及施工难点

2.1　作用机理

干硬性混凝土冲扩桩具有挤密地基的作用。桩身为干硬性混凝土经细长锤夯扩加固挤密形成的挤密实体，干硬性混凝土通过吸收周围土里的水分逐渐硬化成坚硬的混凝土柱。

该桩与其他桩型的最大区别在于它不是通过桩身形状、桩径、桩端面积的改变来提高承载能力，而是利用重锤对填充料进行夯实挤密，挤密区土体受到很大夯击能量后缓慢释放，对侧向周围影响土体施加侧向挤压力进行有效加固挤密，土体得到密实，变形模量提高很大，所以较大幅度地提高地基承载力。

2.2　施工难点

地基处理施工范围大、工期紧，故合理安排施工是确保工程如期完工的重点。

本工程地下地质情况复杂，遇大块障碍物、石块等会发生打桩机卡桶现象、护桶难以打入，影响成孔速度，对施工造成影响。

本工程受拆迁影响，地基处理工作必须被安排在 2011 年 11 月～2012 年 3 月，排布整个冬季，冬期施工对人工、机械降效严重。

3　设计方案

该建设场地地质条件复杂，表层 1.7m 范围内全部为杂填土层。场地地基土不均匀，属于不均匀地基。场地自上而下共分以下几层：

3.1　人工堆积层

岩性特性如下：杂填土①$_1$ 层：杂色，稍密，稍湿～湿，含砖块、灰渣、碎石；细砂填土①₂层：黄褐色，松散～稍密，湿，含砖、灰渣，少量圆砾填土；圆砾填土、卵石填土①₃层：杂色，稍密，湿，含砖、灰渣。该层厚度变化较大，一般厚度 1.6～5.0m，部分区域为掩埋的采砂坑，人工堆积层厚度达 7.1～11.5m，土质不均，厚度变化大，工程性质差。

3.2 新近沉积层

岩性特征如下：圆砾、卵石②层：杂色，中密～稍密，湿，剪切波速 v_s 值＝359m/s，重型动力触探击数 $N_{63.5}$＝33～75，属低压缩性土，钻探揭露卵石部分：$D_大$＝8cm，$D_长$＝10cm，$D_{一般}$＝3～5cm，亚圆形，级配一般，含中砂、粗砂约 30%。该大层层顶标高约 53.87～57.29m。该大层局部受上部人工填土层影响，地层缺失。

3.3 第四纪沉积层

主要岩性特征如下：卵石⑤层：杂色，密实～中密，湿，剪切波速 v_s 值＝383～449m/s，重型动力触探击数 $N_{63.5}$＝43～100，属低压缩性土，钻探揭露：$D_大$＝10cm，$D_长$＝12cm，$D_{一般}$＝3～5cm，亚圆形，级配较好，含中砂约 30%。该大层层顶标高 47.80～53.49m。

根据地质勘查情况，结合停车场各建筑单体结构形式、基础埋深、轨道区域荷载形式，并主要考虑项目工期要求，设计方、甲方经过多方案对比计算及聘请专家论证，最终一致认可采用干硬性柱锤冲扩桩复合地基进行处理。

设计方案为除咽喉区、轨道区及三大库以外的单位工程设计桩长 5～10m，咽喉区、轨道区及三大库设计桩长：1 区 5～6m，2 区 6～9m，3 区 7～11m，4 区 9～11m，5 区 10～12m，实际施工长度以满足最后三击贯入度为准；桩间距Ⅰ区 1.2m×1.2m，Ⅱ区 1.3m×1.3m，Ⅲ区 1.4m×1.4m，直径 500mm，面积置换率Ⅰ区 13.6%、Ⅱ区 11.6%、Ⅲ区 10%。以第①杂填层为基底持力层，以第⑤卵石为桩端持力层，设计总地基处理面积近 7 万 m²，总量约 45000 根，总长度 30 余 m²。（图 3）。

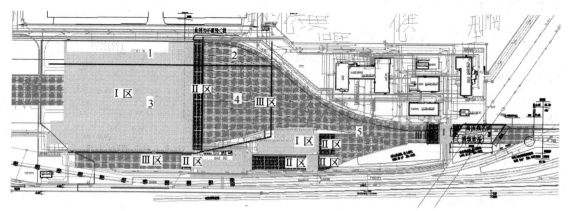

图 3 咽喉区、轨道区及三大库地基处理设计图

设计桩身为干硬性混凝土，每立方米（2.153t）原材料配料：水 45kg，水泥（425）120g，砂子（中砂）827kg，石子（5～25mm）1040kg，粉煤灰（I 级）120kg。

4 柱锤冲扩桩施工工艺

冲扩桩施工工艺流程如图 4 所示。

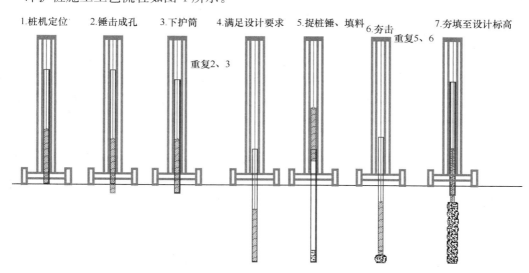

图 4   冲扩桩施工工艺流程示意图

4.1   复测桩位线

工程项目部放线人员依据加密点将桩位放线完毕，在桩点上标清施工桩顶标高及填料方式，验线员复测合格后报监理单位，经监理验线合格后，在施工前，各施工组技术员对所要打的桩位再进行一遍复测，确认无误后方可进行施工。

4.2   桩机就位

检查桩机设备工作是否正常，移动桩机就位，校正垂直度及轴线位置偏差。现场打桩机就位如图 5 所示。

图 5   现场打桩机就位

4.3 锤击成孔

在确定所要打的桩位上，使护筒中心与桩位中心对齐。先用细长锤低落距夯击地面，在地面土体中形成一个浅孔，用反压系统将护筒沉至孔底，并调整护筒垂直。

4.4 沉护筒至设计标高

提高柱锤夯击成孔，将护筒沉至孔底，经反复操作后，将护筒沉至设计标高处。当接近桩底标高时，控制柱锤落距，准确将护筒沉至设计标高。测量最后三击贯入度，桩锤落距为 10m，1 区域终孔控制最后 10m 落距三击贯入度不大于 8cm；2 区域终孔控制最后 10m 落距三击贯入度不大于 12cm；3 区域终孔控制最后 10m 落距三击贯入度不大于 15cm。

钻机柱锤从自然地面达到 11m 后（保证有效桩长 10m）三击贯入度不满足上条规定时，采用边填碎石边冲击方式冲扩出一个扩大头，最多累计填料不超过 $1m^3$，填至 $1m^3$ 后可正常填干硬性混凝土夯填，每次 $0.3m^3$，5m 落距四击。

4.5 填料夯击

护筒沉至设计标高后，提升柱锤高出填料口，采用干硬性混凝土进行填料，锤做自由落体运动，夯击填充料，每次填料量 $0.3m^3$，落距为 5m，4 击。每次填料完成后将护筒提升至填料面以上，令柱锤以 5m 落距做自由落体运动，严禁带刹车，继续填夯至设计标高以上 500mm。桩机配备填料铲车如图 6 所示。

4.6 凿桩头

成桩 5d 后进行凿桩头及清除桩间土，清理桩间土之前先统计施工桩顶标高，小型挖掘机挖桩顶上层土时应高出施工桩顶标高 200mm，桩间土用人工及小型挖掘机的方式挖至设计标高，挖掘机严禁触碰桩头，挖掘机采用后退向下进行挖土，施工机械严禁碾压剔凿好的桩头。桩的桩头截除采用人工以钢钎对称截断，风镐、无齿锯配合使用。在截掉大部分桩头后，用小锤、钢钎将桩顶修平至设计标高。现场凿桩头施工图 7 所示。

图 6 填料铲车   图 7 现场凿桩头施工图片

5 质量保证措施及难点处理

5.1 干硬性混凝土柱锤冲扩桩质量控制主要指标

（1）桩孔的垂直度偏差≤桩长的1%，桩位偏差不大于150mm。

（2）桩位允许偏差：沿轴线≤150mm。

（3）桩径允许偏差为−20mm。

（4）严格控制每次填料量为0.3m³，每次夯填落距为5m，四击。

（5）桩身干硬性混凝土配合比按设计要求进行施工。

（6）施工桩顶保护桩头夯填高度不少于50cm。

（7）控制三击贯入度不大于设计要求，柱锤落距为10.0m，锤重3.5t，三击。

5.2 质量保证措施

（1）夯扩桩正式施工前按设计要求先做试桩，试桩检测合格后，方可进行大面积施工。

（2）桩位放线：首先由测量人员根据设计要求放出桩位线，并标出施工桩顶标高及填料材质，由专人验线并报监理单位验收，做好桩位放线记录。

（3）移桩机就位，调整护筒垂直，确保其垂直度偏差不大于1%。

（4）依照设计要求配置干硬性混凝土，以手攥成团松手散开为宜。严格控制每次填料量，应用专门器具进行计量。

（5）测三击贯入度时严禁带刹车和离合，测量要细致、准确，如实记录测量数据。

（6）成桩过程中随时测量对邻桩的影响，发现邻桩水平及竖向位移超过20cm，则停止夯击。

（7）成桩过程中，应随时观察地面隆起，当隆起超出规范要求时（小于200mm），应立即停止施工，报告技术人员解决。

（8）施工原始记录应翔实、项目完整、签字齐备，记好部位、桩机号、桩号。

（9）设置专职资料员，负责进度报表、资料收集整理等工作。

（10）桩机应做好明显标志，严格控制锤击高度，保护桩头应按正常方式填料及锤击。

（11）成孔及夯填过程中严禁加水，成孔时护筒应跟随柱锤下落。

（12）严格控制填料深度，填至设计标高后及时采用普通土将空打范围的空洞填实。扩大头填料时每次填料0.1m³，锤击形成扩大头，扩大头部分的累积填料为1m³，做完扩大头方可按正常标准进行填料。沉管时根据地质情况，护筒应紧跟桩锤进行下落，防止抱锤。填料时应先填料，用桩锤压住混凝土，将护筒提升至混凝土上表面后进行夯实，三大库施工桩顶标高较多，施工前应复合桩号及施工记录做好班前交底。

5.3 冬期施工措施

由于施工期跨越整个冬季，因此必须充分考虑低温对施工造成的影响。冬期施工采取一些有效的保温、测温措施。

（1）干硬性混凝土运输车辆车斗内侧采用多层胶合板保温，并用岩棉被覆盖干硬性混凝土表面。

（2）堆料场地高于自然地面20cm，并铺一层塑料布防潮。干硬性混凝土运输到现场后及时用岩棉被覆盖，严禁雨水、雪水侵入。

（3）施工中设专人测量大气温度和干硬性混凝土温度，随时掌握气象变化情况，对于突然降温要提前做好准备。

（4）冬期施工过程中，桩基施工之前防止地面受冻用岩棉被进行覆盖，施工时将桩孔位置掀起，填料夯击完成后及时覆盖。清理桩间土、凿桩头后及时覆盖岩棉被，防止桩基及地基土受冻。

5.4 施工难点处理

由于本工程地质条件复杂，极个别地区土质夯扩机无法打入土层，针对这一特点，项目采用柴油引孔机对复杂地块进行引孔，加快了成孔速度。柴油锤打桩机引孔施工如图8所示。

合理组织安排施工，由于组合库受拆迁影响，不能提供足够工作面施工，我们见缝插针首先施工轨道区、工程车库、洗车库、混合变电站，待组合库具备施工条件后马上集中机械设备进行组合库的施工，确保了工程施工无间断、保证了工期。

6 桩基检测

本工程设计扇形区及三大库处理后复合地基承载力特征值不小于200kPa，三大库处理后地基差异沉降量不大于20mm，线路处理后地基差异沉降量不大于150mm。垃圾站、混合变电站及门卫处理后复合地基承载力特征值不小于120kPa，综合楼处理后地基承载力不小于240kPa，处理后地基变形量不大于30mm。锅炉房、水泵房及消防水池处理后复合地基承载力特征值不小于120kPa；派出所处理后复合地基承载力特征值不小于250kPa，处理后地基变形量不大于200mm，沉降量不大于0.002L。

桩基检测采用单桩复合地基静载试验，根据设计要求，各单位工程静载试验率0.5%，且每个单体不少于3处，共221处。目前试验完毕，全部满足设计要求。静载试验情景如图9所示。

图8 柴油锤打桩机　　　　　　　　　图9 静载试验

7 结语

柱锤冲扩桩在北京地铁 14 号线张仪村停车场地基处理中的应用，是地铁工程首次采用的地基处理技术，圆满地解决了本停车场因地质条件不良导致的地基承载力不足的问题，其顺利施工完毕，确保了张仪村停车场后续施工的进行，为工程如期完工打下了良好的基础，同时也为该地基处理方式在日后地铁工程中的推广提供了成功的案例。布置合理，操作安全，施工过程中，无污染、低噪声，满足现场文明施工各项要求。本工程施工总地基处理面积近 7 万 m²，我们曾将冲扩桩施工与基坑换填进行对比，工程造价节省近千万元。大规模冲扩桩基施工也属北京市首例，能够合理的组织施工、安排施工也使本企业收到了多方好评，赢得了良好的社会效益。

参考文献

[1] 中国建筑科学研究院 . JGJ 120—2012 建筑基坑支护技术规程 [S] . 北京：中国建筑工业出版社，2012.
[2] 中国建筑科学研究院 . JGJ 79—2012 建筑地基处理技术规范 [S] . 北京：中国建筑工业出版社，2013.

既有地下结构外墙配合暗柱及预应力锚杆基坑支护在王府井大饭店改造工程中的应用

陈　磊[1]　郭跃龙[2]　曾庆瑜[3]　沈　毅[4]

（1、3、4. 中建一局集团第三建筑有限公司；2. 北京城建科技促进会）

【摘　要】　随着我国社会经济的发展，城市中心里越来越多的建筑物需要被拆除新建。这类建筑物周边往往地下市政管线复杂，建筑群密集，有的建筑物附近存在文物古迹。本文结合北京市王府井大饭店改造工程，采用既有地下结构外墙配合暗柱及预应力锚杆的基坑支护形式，在保证深基坑的稳定性的同时，缩短工期，降低成本，同时将基坑支护对周边的建筑、市政管线和文物古迹的影响降到最低，为同类周边条件基坑工程的设计和施工提供借鉴。

【关键词】　既有地下结构外墙；基坑支护；暗柱；预应力锚杆

1　工程概况

王府井大饭店改造工程总建筑面积 44435m²。本工程改造需要拆除西区的半地下停车场结构，然后在该处新建符合要求的地下车库。西区新建地下停车库基坑尺寸 120m×65m，基坑深度 10.770m。原半地下停车场基础底板底标高－7.600m，地下 2F，地下外墙 400mm 厚。新旧底板高差约 3m。

基坑底部为粉质黏土和黏质粉土，承压含水层分别埋深在 17.70～18.60m 段和 26.10～27.20m 段。周边情况复杂，原半地下停车场南侧外墙与建筑红线距离最近不足 1m，空间狭小，交通不便。外墙外侧存在需要保护的古树、古建筑及埋深约 1.0m 的热力管线，施工期间要保证该热力管线的安全运行；同时，原地下结构外墙外侧存在旧支护桩，其位置情况难以准确掌握（图 1）。

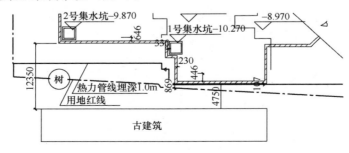

图 1　基坑南侧周边概况

2 基坑支护重点难点及方案选用

（1）本工程位于繁华城区，基坑南侧紧邻用地红线和黄土岗胡同，施工场地用地极为狭小，护坡桩成桩设备无法进入，复合土钉墙无放坡空间。

（2）基坑周边条件复杂，原半地下停车场南侧外墙外侧存在需要保护的古树、古四合院会所和埋深约 1.0m 的热力管线，且施工期间必须保证该热力管线的安全运行。若是按常规工艺进行护坡，容易造成周边管线破坏和文化破坏。

（3）原地下结构外墙外侧存在旧支护桩，原有的旧支护桩锚入地下深度不够，不足以满足本工程需要。在该部位重新施工新的支护桩，花费工期长，造价高，且会造成对市政管线、古树根部和古建筑的破坏。

（4）基坑周边紧邻居民楼，采用常规的支护桩和土钉墙会造成扬尘、噪声等环境破坏，对周边居民影响较大。

考虑到以上所述的制约因素，该处基坑支护结构不适合选用传统的桩锚和复合土钉墙支护技术。为解决上述问题，本工程采用保存既有地下外墙结构，并在原有外墙结构上设置预应力锚杆。由于基底土质较好，在外墙下部分段开挖土体，并设置型钢混凝土柱作为新建地下车库下部 3m 的支护结构。这种充分利用原有结构的基坑支护方式，既可以保证基坑边坡的稳定，又可以减小对基坑周边的扰动，从而确保周边管线、古树和古建筑的安全，同时还能做到绿色节能。

3 基坑支护设计

本工程基坑南侧边坡支护保留原有的地下结构外墙，墙体厚度 400mm，设计的支护形式如图 2 所示。

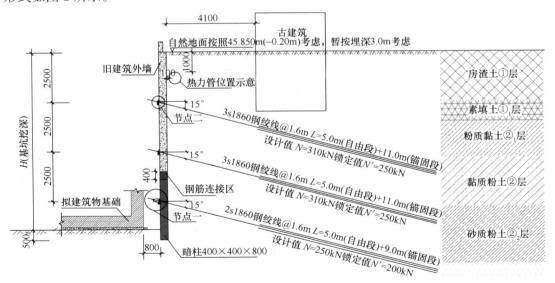

图 2 基坑支护形式剖面图

保留的地下结构外墙上共设置两道预应力锚杆，墙体下的暗柱上设置一道预应力锚杆。其中，地面下 2.50m 位置设置第一道锚杆，水平间距 1.6m，锚杆孔径为 φ150，锚杆长度为 16.0m，其中自由段长为 5.0m。锚索选用 3 束 1860 预应力钢绞线，倾角为 15°，锚孔内常压灌注水灰比为 0.5 的水泥浆，浆体强度不低于 M20，锚杆设计抗拔力 335kN，锁定力 250kN，承压板 300mm×250mm×20mm；在地面下 5.00m 位置设置第二道锚杆，其材料和预应力参数同第一道锚杆；地面下 7.50m 位置设置第三道锚杆（置于暗柱上），水平间距 1.6m，锚杆孔径为 φ150，锚杆长度为 14.0m，其中自由段长为 5.0m，锚索选用 2 束 1860 预应力钢绞线，倾角为 15°。锚杆设计抗拔力 285kN，锁定力 200kN。锚杆注浆施工采用二次高压劈裂注浆工艺，注浆压力控制在 0.2～0.5MPa。

在保留的地下结构墙体下设置暗柱支撑，型钢暗柱尺寸 400mm×400mm（同墙厚），高度 3.5m，置于保留的地下结构墙下，水平间距 0.8m，下部嵌入基底 0.5m，柱身混凝土采用喷射混凝土，强度等级 C20，钢筋混凝土保护层厚 50mm。暗柱内型钢采用 22b 工字钢。型钢上端与保留的结构墙体钢筋进行焊接。

4 基坑支护的施工

4.1 既有地下结构外墙与待拆除结构的切割分离阶段

待拆除结构原功能为车库，框架结构，此处分离线用做原结构外墙与其梁板分割依据，为确保拆除时不会对原结构墙造成破坏或者损坏，设置两条分离线，间距约为 0.5m，即两条分离线间的结构梁板部分随分割拆除（图3）。

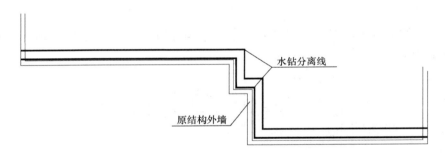

图 3 既有结构墙体与结构板的分割线

4.2 预应力锚杆施工阶段

预应力锚杆的施工要与原半地下车库的拆除互相配合。拆除地下一层结构后，进行第一排预应力锚杆的施工；拆除地下二层结构后，进行第二排预应力锚杆的施工；完成基坑 3m 深度范围的土方开挖和暗柱施工后，进行第三道预应力锚杆的施工。

4.2.1 成孔试钻

成孔时，应结合周边管线布置，避开热力管线可能位置，进行试钻。试钻时，严格控制钻孔速度，通过钻头的震感和声音，判断成孔效果。钻入 4m，无障碍物，则该孔可用；若有障碍物，则避开这一高度及位置，重新试钻。

4.2.2　注浆

采用高压专用注浆泵，下套管二次劈裂注浆。浆液采用水灰比 0.50～0.55 的素水泥浆，现场边搅拌边灌注，必要时可加入一定量的外加剂（如膨胀剂）。注浆时孔口端部应进行封口。每天作一组水泥浆试块。

4.2.3　锚头制作

锚杆施工完毕后，进行锚头安装。注意加工垫板的坡度，保证坡度与锚杆角度相适应。对于原结构墙上的锚杆仅采用承压板加垫块的形式，承压板 300mm×250mm×20mm。

图 4　既有结构外墙上的锚头

4.3　暗柱施工阶段

暗柱施工时，为了保持支护过程中，既有结构外墙的稳定性，墙体下暗柱不宜同时施工。本工程将暗柱施工分为三个区域，先进行两边部分（A 区和 C 区）的暗柱施工，待施工完成后再进行中间部分（B 区）的暗柱施工（图 5）。

暗柱施工土方开挖采取跳挖施工，每段土方开挖宽度不超过 3.0m，每步开挖深度不超过 1.0m。工作面开挖后，依据设计尺寸及间距，人工开挖暗柱沟槽，暗柱沟槽开挖后根据土层情况可采取预锚喷处理及局部插筋补强，以保证土体稳定。暗柱施工完成后，面层绑扎 ϕ6.5@250mm×250mm 钢筋网，锚喷 50mm 厚 C20 混凝土面层。

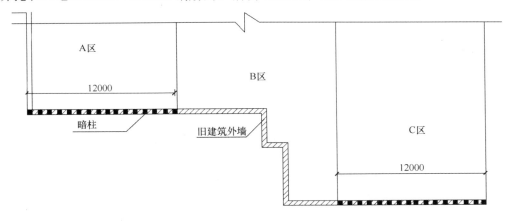

图 5　暗柱施工区域划分

4.3.1　凿除旧墙体

在拟开挖暗柱的土坡面上放暗柱轮廓线，暗柱上部与墙体交接处 0.4m 范围内，凿除旧墙体部分混凝土，凿出墙体钢筋与暗柱槽钢焊接。

4.3.2　柱身制作

沟槽加固后马上放置工字钢，工字钢上端与下端配合 22 号槽钢，将墙体钢筋与暗柱内槽钢进行焊接连接，保证每根有四根墙体钢筋与槽钢焊接，以保证下部暗柱对旧墙体的

图 6 暗柱安装图

有效支撑。柱下部嵌固入基底 0.5m，柱身采用喷射混凝土喷注而成，混凝土强度等级为 C20（图 6）。

4.3.3 暗柱间土维护

人工清除暗柱间土，约露出 1/2 暗柱，待土清除干净、平整后，立即绑扎 $\phi6.5@250mm×250mm$ 钢筋网。在相邻两根暗柱内侧柱身上用钻头打引导孔，孔中打入 $\phi14$ 钢筋或膨胀螺栓 M12，$\phi14$ 钢筋插入深度不小于 10cm，$\phi14$ 钢筋或膨胀螺栓与横向压筋焊接牢固，同时整个钢筋网面按 $0.5m×0.5m$ 间距钉入 $\phi6.5$ "U"形筋，通过横向压筋及"U"形筋将整个钢筋网面压平。暗柱间喷混凝土厚度为 50mm，强度等级为 C20（图 7）。

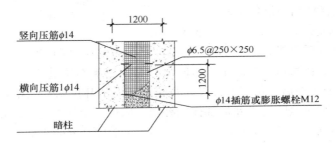

图 7 暗柱间土维护详图

5 基坑监测要点

5.1 监测点的设置

边坡的水平、竖向位移监测点应沿既有结构外墙墙顶布置，周边中部及阳角处应布置监测点。监测点水平间距不宜大于 15m。水平和竖向位移监测点宜为共用点。深层水平位移监测点宜布置在基坑周边的中部、阳角处及有代表性的部位，监测点间距宜为 20～50m，每边监测点数目不应少于 1 个。锚杆内力监测采用专用测力计，监测点应选择在受力较大且有代表性的位置，基坑每边中部、阳角处宜布置监测点，监测点数量应为该层锚杆总数的 1‰～3‰，并不应小于 3 根。各层监测点位置应在竖向上保持一致（图 8）。

5.2 边坡变形监测报警值及控制值

按照《建筑基坑工程监测技术规范》（GB 50497—2009），结合我单位类似工程经验，本工程基坑侧壁安全等级为一级，开挖过程控制护坡坡顶水平位移预警值为 $1.5‰H$、控制值为 $2‰H$；垂直位移均以 30mm 作为变形控制值。具体预警报警值详见表 1 所列，当坡顶位移超过报警值时应及时预警，并按照应急预案采取二级应急措施进行处理；当坡顶

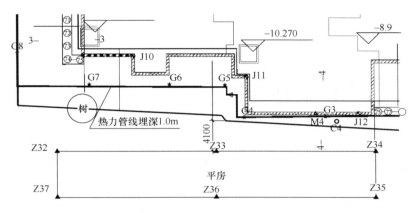

图 8　监测点布置图

位移超过控制值时，需按照应急预案采取一级应急措施进行处理。

边坡变形监测控制值　　　　　　　　　　　　　　　　　　　　表 1

剖　面　编　号	水平位移（mm）		垂直位移（mm）
	预警值	控制值	控制值
原结构墙作基坑支护剖面	15	20	30

6　结语

　　既有地下结构外墙配合暗柱及预应力锚杆基坑支护形式对基坑周边条件复杂且需要保持原态的工程具有良好的效果，施工占地小，节省材料，能有效避免基坑支护带来的公共破坏和市政影响，同时，该种支护形式具有可靠地安全性，且能满足工期要求。

　　通过本工程的具体实施，既有地下结构外墙配合暗柱及预应力锚杆基坑支护能够节省大量人力物力，为建设方和施工方节省了大笔的资金投入，并缩短了工期，具有广泛的社会性和经济性。

参考文献

［1］《建筑施工手册》编写组．建筑施工手册（第五版）．北京：中国建筑工业出版社，2011.
［2］ 陈肇元，崔京浩．土钉支护在基坑工程中的应用（第二版）．北京：中国建筑工业出版社，2000.
［3］ 陈云．暗柱＋土钉墙复合支护技术在基坑工程中的应用．四川建筑，2009，（9）：159-160.
［4］ GB 50330—2013 建筑边坡工程技术规范．北京：中国建筑工业出版社，2014.

灰土挤密桩＋修孔技术在山西太原南站西广场的应用

洪　健　刘庆宇　冷园清

（中建三局第三建设工程有限责任公司）

【摘　要】　太原南站西广场项目位于太原南部，该场地主要为Ⅱ级自重湿陷性黄土场地，天然地基承载力不满足设计要求。根据工程特点，项目开发的灰土挤密桩＋修孔技术进行湿陷性地基处理，取得了很好效果，具有工期短、施工方便、节约成本、承载力加大等特点。本文详细介绍了灰土挤密桩＋修孔技术的施工方法。

【关键词】　湿陷性黄土场地；灰土挤密桩；成孔；修孔；复合地基；承载力

1　工程概况

太原南站综合交通枢纽西广场工程，位于太原市小店区农科北路液压件厂宿舍以东；工程包括公交车场和北侧商业区，其中公交车场为地下一层，长236m，宽125m，总建筑面积24273m²；商业区为地下两层，地上4～7层，地下室长170m，宽131m，总建筑面积111989m²。

由于太原南站西广场项目位于太原南部，根据山西省勘察设计研究院提供的《太原南站综合交通枢纽工程西广场岩土工程勘察报告》，该场地主要为Ⅱ级自重湿陷性黄土场地，天然地基承载力不满足设计要求。该项目设计采用灰土挤密桩进行地基处理，并对成孔出现塌孔及孔径凸凹不平等现象进行修孔处理，它是消除或减少厚度增大的黄土层湿陷性的一种简单而有效的方法。本工程共有灰土挤密桩约6万根，桩长8.8m，桩径为0.4m，桩距为1m，排距0.866m，布桩采用等边三角形布置，桩孔内灰土为3∶7，桩孔内灰土压实系数不小于0.97，桩间土的挤密系数不应小于0.93。

2　灰土挤密桩施工原理

灰土挤密桩法，是软土地基加固处理的方法之一，通常在湿陷性黄土地区使用较广，是用柴油锤打桩机和洛阳铲等机械成孔，填以灰土，通过重锤高动能、超高压、强挤密夯击，对桩孔填料进行固结，形成增大直径的桩体，并同原地基一起形成复合地基。特点在于不取土，挤压原地基成孔；回填物料时，夯实物料进一步扩孔。灰土挤密桩的应用，使得土的干密度增大、压缩性降低、承载力提高、湿陷性消除，该方法不受开挖和回填的限制，对湿陷性黄土地基的处理效果较好。

3 施工工艺流程

平整场地→测量放线→试验桩孔放线→桩机就位→成孔→成孔记录及检查→修孔→桩孔灰土夯填→取样试检及送检→交工验收。

4 主要施工方法

4.1 试验桩孔放线

首先项目测量人员根据方案要求确定试验桩位置，经技术总工审核后报监理单位审批。根据试验桩位图确定出桩位相对位置，并用白灰标志出桩位中心点，每组试验桩共7根，自检合格后，通知现场监理，并做好施工记录（图1）。

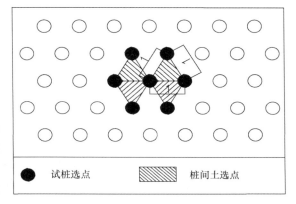

4.2 成孔

成孔前，先对好桩位、检查沉管垂直度，其偏差不大于1.5%，并做好施工记录。成孔时，检查成孔质量、移位，同时检查成孔后的桩深、桩径不小于设计值。本工程灰土挤密桩采用锤击成孔方法，将$\phi 400$沉管沉入土中，并用红布条在沉管刻度线上做出沉桩深度标记，成孔至设计深度。成孔在最优含水量时进行，使孔壁光滑平整，挤密效果良好，当土的含水率低于12%时，宜对拟建处理范围内的土层进行增湿。成孔顺序自西向东，隔孔跳打进入第一遍成孔，成孔深度8.8m，考虑冻土预留，深度为9.8m，孔径$\phi 400$，成好一个孔用盖板盖一个孔，成孔后及时拔出桩管，不应使桩管在土体中搁置时间太长。成孔时有专人做好记录，自检并经监理验收后，紧跟着进入第一遍的3：7灰土夯填（图2）。

图1 灰土挤密桩试桩平面布置图

● 试桩选点　　▨ 桩间土选点

图2 装机就位图

4.3 成孔记录及检查

成孔中记录成孔时间及深度，填好施工记录、质量评定记录。成孔时，派成孔记录员一名，负责成

图 3   一次成孔效果

孔质量的监控工作，并对每根桩实施成孔测量，按统一编号记录，每达标一个孔，记录一个孔编号，同时根据对应编号挂牌表示此孔已验收，验收后重新盖好孔盖，没有达标的孔要求再打，直至达标。监测内容：孔深、孔径、垂度、位移及其他安全内容，还要密切注意土质情况（图3）。

4.4   修孔

修孔是本工程地基处理的一个关键环节，本工程采用洛阳铲修孔，确保含砂层湿陷性地基施工处理质量。

本工程场地湿陷性黄土地基往往夹杂有一定厚度砂层，采用挤密成孔会出现塌孔及孔径凸凹不平等现象，局部含水量较大处会出现"橡皮土"，呈现缩颈情况，影响桩孔填充效果，进而影响地基整体承载力，同时拔管过程中易造成缩孔，不利于孔径及孔深的保持。本综合施工技术除对桩孔进行挤密处理外，进而采用机械洛阳铲对塌孔缩孔桩点进行处理，不仅可以保证对湿陷性黄土的挤密效果，而且可以确保桩径质量，从根源上解决了此类地基的处理效果。

利用洛阳铲修孔方法：对出现塌孔缩孔桩点进行洛阳铲修孔处理，洛阳铲需摆放垂直，孔点对准，确保在掏土修边过程中不出现偏位，致使孔径扩大，或呈现孔径不规则等情况，修孔出土需堆在远离孔边位置，防止人为因素导致的土方反灌，影响灰土回填质量。在自检合格并经监理验收后，紧跟着进入第一遍的3：7灰土夯填（图4）。

图 4   二次洛阳铲修孔效果

4.5   桩孔灰土夯填

本工程桩孔填料采用3：7灰土，土料可使用就地挖取的一般黏性土，过筛后粒径不大于15mm；石灰选用Ⅲ级以上新鲜块灰，使用前1～2d浇水充分消解并过筛，颗粒直径应小于5mm，不含未熟化生石灰块。灰土配合比按设计要求采用机拌。经试验确定土料合理含水率，该含水率能使经拌合后的灰土基本达到最佳含水率的要求。根据试验数据，采用柴油捶打桩机连续夯打，按照夯填要求进行桩体灰土的夯实，记录和检查每根桩用灰量，确保夯实。桩体3：7灰土分层回填夯实，逐层以平斗车定量向桩孔内下料，压实系数不小于0.97，成桩后，桩体直径不小于550mm，人工填料时应指定专人按规定数量均匀填进，不得盲目乱填。夯填记录员担负着每根桩夯填质量的监控工作，主要任务是：根据试验桩参数，监控每个夯机手对每根桩的质量情况，监控内容有夯锤重量15kN；每根桩的空夯次数、锤提高度；每车料的实夯次数、锤提高度；每根桩夯填几层根据技术核定单的规定如实记录。

确定夯填量与锤击数：由于夯实机的功能与频率固定不变，各层土的压实系数将随下料速度的不同而变化。成孔后，从孔底以不同的速度下料回填夯实。每桩的填料用量可根据下式进行计算（《铁路工程地基处理技术规范》TB 10106—2010 第 10.2.10）：

$$G = n \frac{\pi d^2}{4} \overline{h} \gamma'_{\max} (1 + \omega_y)$$

式中　G——填料总重（kN）；

n——桩总数；

d——桩直径（m）；

$\overline{h}$——平均桩深；

$\gamma'_{\max}$——桩体填料的最大干重度；

ω_y——填料最优含水量（%），为填料干重度最大时的含水量，可由击实试验确定，也可按当地经验或 $\omega_y = \omega_p + 2\%$ 来确定，ω_p 为塑限。

下料速度以每投入一标准铁锹填料夹杆锤锤击 1 次进行递增。比如第一组桩以每填 1 标准铁锹填料锤击 1 下的速率进行填料的夯实，第二组桩以每填 1 标准铁锹填料锤击两下的速率进行填料的夯实，第三组桩以每填 1 标准铁锹填料锤击 3 下的速率进行填料的夯实。

4.6　取样试检及送检

每天按相应比例检查桩数，根据规范标准测定相关参数。

（1）成桩后，应及时抽样检验灰土挤密桩或灰土挤密桩处理地基的质量。主要检查施工记录、检测全部处理深度内桩体和桩间土的干密度，并将其分别换算为平均压实系数和平均挤密系数。测定全部处理深度内桩间土的压缩性和湿陷性。抽样检验的数量，不应少于桩总数的 1.5%。

夯填后，在全桩长范围内，在桩心附近采用钻机取样，每 1m 取出原状夯实试样（图 5），分别测定其干密度，并计算该桩的平均压实系数。

同时在任意三孔间形心点、成孔挤密深度内采用钻机取样，每 1m 取样测定干密度（图 6），并计算该桩间土的平均挤密系数，同时还应进行黄土的湿陷性试验。

试验用的填料、施工机械和工艺，应与施工时所用的相同。同时要注意记录好夯锤落距、每分钟锤击次数、填料量、填料次数等数据。

（2）灰土挤密桩地基竣工验收时，应对复合地基承载力进行试验，检验数量不应少于

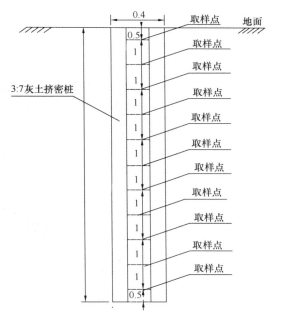

图 5　单桩干密度试验取样图

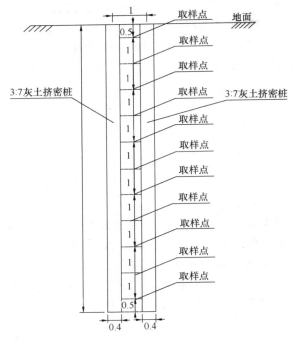

图 6　桩间土平均挤密系数取样图

桩总数的 0.5%。采用多桩复合地基静载荷试验方法，承压板采用刚性承压板，承压板底标高为桩顶设计标高，设计要求 3：7 灰土挤密桩复合地基承载力不小于 200kPa，检测时最大加荷量按不小于复合地基承载力的 2 倍考虑。检测时应逐级加荷，每级荷载达到相对稳定后加下一级荷载，同时观测每级荷载下复合地基的下沉量，直至达到预计最大加荷量（480kPa）或达到破坏状态，然后分级卸荷到零（图 7）。

图 7　复合地基承载力试验

5　结束语

湿陷性黄土地区地基处理技术研究与当前国内外同类研究、同类技术的综合比较，在

26

处理湿陷性地基承载力方面效果较好，处理后的地基承载力一般提高50%～100%。该方法具有设备简单、施工方便、施工周期短等优点，填入桩孔的材料均属就地取材，因而比其他处理湿陷性黄土和人工填土的方法造价低，综合造价可降低15%以上，具有明显的经济效益和社会效益。因此湿陷性黄土地区地基处理技术的施工及应用能够提升的竞争力，对整个建筑行业而言，湿陷性黄土地区地基处理的研究对提高工程建设质量、降低工程造价、缩短施工周期等方面具有重大价值。

灰土挤密桩＋修孔技术在山西太原南站西广场项目大面积首次应用，为今后湿陷性地基处理提供了可借鉴的经验。

参考文献

［1］ 中华人民共和国铁道部. TB 10106—2010 铁路工程地基处理技术规程［S］. 北京：中国铁道出版社，2010.

［2］ 中华人民共和国建设部. GB 50025—2004 湿陷性黄土地区建筑规范［S］. 北京：中国建筑工业出版社，2004.

［3］ 梁珠擎，梁翊超. 灰土挤密地基的数值分析［M］. 建筑技术，2013，（9）.

化学聚合物泥浆在旋挖钻机中的应用研究

赵永生　常　江　隋国梁　李军涛　曹　泱

（北京住总第一开发建设有限公司）

【摘　要】　文章介绍了化学聚合物泥浆在旋挖钻机中的应用，通过分析比较，详细说明了与传统膨润土泥浆相比，化学聚合物泥浆的应用优势。

【关键词】　化学聚合物泥浆；膨润土泥浆；护壁；旋挖钻机；粉细砂；桩基质量；环保

近年来，随着国家重点工程对桩基质量、成孔速度、环保等要求的不断提高，以及在高速铁路、地铁建设的带动下，旋挖钻机市场占有率迅速扩大。旋挖钻机施工具有成孔质量好、速度快，无噪声、污染小等优势。但是，由于旋挖成孔施工无循环造浆功能，只能采用静态泥浆稳定液护壁，靠不停的向孔内进行补浆来保证孔内外水压的平衡和护壁效果，所以泥浆的选用及性能指标在成孔过程中显得尤为重要。

目前我国传统上仍采用膨润土矿物泥浆护壁，但是在某些复杂地质条件下（如粉细砂层），膨润土泥浆存在一定的局限性。此外，膨润土泥浆都是通过人工利用搅拌机械进行泥浆制作，制作时灰尘弥漫，对环境污染大，对人身伤害也比较大，而且孔内沉渣量大，影响桩基质量。

随着市场的发展，化学聚合物泥浆技术逐渐被采用，并取得良好效果。它使用简单，小巧轻便，制浆速度快，护壁效果好，沉淀凝聚速度快，无污染。

1　泥浆在旋挖钻机施工中的重要性

1.1　规范对泥浆的要求

（1）《地下铁道工程施工及验收规范》（2003 年版）（GB 50299—1999)[1]对泥浆提出以下要求：

1）黏性土中成孔，可注入清水，以原土泥浆护壁，排渣泥浆相对密度应控制在1.1～1.2。

2）砂土和较厚夹砂层中成孔，泥浆相对密度应控制在 1.1～1.3，在穿越砂夹卵石层或容易塌孔土层中成孔时，泥浆相对密度控制在 1.3～1.5。

3）施工中应经常测定泥浆相对密度，并定期测定黏度、含砂率和胶体率，其指标控制：黏度为 18～22s，含砂率为 4%～8%，胶体率不小于 90%。

4）孔壁土质较差时，宜用泥浆循环清孔，清孔后泥浆相对密度应控制在1.15～1.25。

（2）轨道交通车站工程施工质量验收标准（QGD－006－2005）[2]同样对泥浆提出要求：

1）泥浆的相对密度（黏土或砂性土）控制在1.15～1.20（用比重计测，清孔后在距孔底50cm处取样）。

2）泥浆面标高应高于地下水位0.5～1.0m（目测）。

3）沉渣厚度：端承桩≤50mm；摩擦桩≤150mm（用沉渣仪或重锤测量）。

1.2 钻孔泥浆质量差将造成的后果

（1）无法形成护壁泥膜或形成泥皮粘附力差，易于脱落，导致孔壁稳定性差，易塌孔和缩颈。

（2）泥浆的稠度大，相对密度大，含砂率高，形成的泥皮质量差，厚度大，降低桩的侧摩阻力。

（3）稠浆在钢筋笼上沉积粘附，导致钢筋与混凝土的握裹力降低。

（4）泥浆相对密度过大，使得混凝土水下灌注的阻力增大，降低混凝土流动半径，使混凝土骨料大部分堆积在桩芯部位，而钢筋笼外几乎无骨料，不仅桩身质量不好，桩的侧摩阻力也难以发挥。

由上可见，泥浆的性能指标在成孔及混凝土浇筑过程中非常重要。因此，选用合适的材料配制性能优良的泥浆成为旋挖钻机成桩质量的重要保证。

2 膨润土泥浆

2.1 膨润土的分类、用量及价格

膨润土分为钠质膨润土和钙质膨润土两种[3]，前者质量较好，钻孔泥浆中用量很大。膨润土泥浆具有相对密度低、黏度低、含砂量少、失水量小、泥皮薄、稳定性强、固壁能力高、钻具回转阻力小、钻进率高、造浆能力大等特点。用量为8％，即8kg的膨润土可掺100L的水，对黏质土地层用量可降低3％～5％，较差的膨润土用量为水的12％左右。在市场上膨润土价格约为350～450元/t。

2.2 膨润土泥浆外加剂的掺量及作用

虽然膨润土泥浆具有相对密度低、黏度低、含砂量少、失水量小、泥皮薄、稳定性强、固壁能力高、钻具回转阻力小、钻进率高、造浆能力大等特点，但仍不能完全适应地层，为了增强膨润土浆液的护壁效果，需要配合外加剂来配制泥浆进行护壁。外加剂性能要求详解如下：

（1）CMC（Carboxy Methyl Celluose）全名羧甲基纤维素，可增加泥浆黏性，使土层表面形成薄膜而防护孔壁剥落并有降低失水量的作用，掺入量为膨润土的0.05％～0.1％。

（2）FIC，又称铬铁木质素磺酸钠盐，为分散剂，可改善因混杂有土、砂粒、碎卵石及盐分等而变质的泥浆性能，可使钻渣等颗粒聚集而加速沉淀，改善护壁泥浆的性能指标，使其继续循环使用，掺入量为膨润土的 0.1%～0.3%。

（3）硝酸基腐殖碳酸钠（简称煤碱剂），其作用与 FIC 相似，它具有很强的吸附能力，在黏质土表面形成结构性溶剂水化膜，防止自由水渗透，降低失水量。

（4）碳酸钠（Na_2CO_3）又称碱粉或纯碱，它的作用可使 pH 值增大到 10，泥浆中 pH 值过小时，黏土颗粒难于分解，黏度降低，失水量增加，流动性降低；小于 7 时，还会使钻具受到腐蚀。若 pH 值过大，则泥浆将渗透到孔壁的黏土中，使孔壁表面软化，黏土颗粒之间凝聚力减弱，造成裂解而使孔壁坍塌。pH 值以 8～10 为宜，可增加水化膜厚度，提高浆的胶体率和稳定性而降低失水量。掺入量为膨润土的 0.3%～0.5%。

（5）PHP，即聚丙烯酰胺絮凝剂。它的作用是在泥浆循环中能清除劣质钻屑，保存造浆的膨润土粒；它具有低固相，低相对密度，低失水，低矿化，泥浆触变性能强的特点，掺入量为孔内泥浆的 0.003%。

（6）重晶石细粉（$BaSO_4$），可将泥浆的相对密度增加到 2.0～2.2，提高泥浆护壁作用。为提高泥浆的稳定性，降低其失水性，在掺入重晶石细粉后，可同时掺入 0.1%～0.3% 的橡胶粉，掺入上述两种外加剂后，最适用于膨胀的黏质塑性土层和泥质页岩土层。

（7）纸浆、干锯末、石棉等纤维物质，其掺入量为水量的 1%～2%，作用是防止渗水并提高泥浆循环效果。

2.3　膨润土泥浆的局限性

膨润土泥浆容易发生塌孔现象[4]，实际工程中，塌孔地层多为较厚的粉砂层和细砂层，这说明在复杂地质条件下，按常规性能指标要求，泥浆护壁效果不明显。同时，膨润土泥浆的最大缺陷在于钻渣沉淀速度慢，清孔时钻渣很难同时沉淀下来，往往在首次清孔后，下完钢筋笼，二次清孔前短短 2～3h，沉渣厚度超过 1m，水下混凝土浇筑过程中，仍有大量钻渣沉淀，严重影响桩身质量。

3　化学聚合物泥浆

随着国家经济建设快速发展，国内高速铁路、公路及地铁工程日趋增加，旋挖钻孔已遍地可见，特别是国家的重点建设工程，在施工技术上的要求非常严格，这对施工质量来讲要求更高了，要做好地基工程处理就必须把好每一关。由于我国地大物阔，地层的复杂性，在实际施工中也带来不少困难，特别是在旋挖机钻孔中塌孔、超方，埋钻埋杆，孔内沉淀大，清孔时间长等这些情况给整个施工进度带来了困难。随着科学技术飞速发展，为解决以上这些问题，现对新型化学聚合物泥浆的配制、使用介绍如下：

3.1　化学聚合物泥浆的性能

化学聚合物泥浆是一种先进的国外技术的进口产品，是一种水溶性、易混合的粉末颗粒高分子聚合物，在水中充分溶解后成半透明糊状，黏度大[5]。它具有如下特点：

（1）由于泥浆聚合物分子量一般高达 2000 万以上，水解后分子链扩散并会与其他分子链重新连接，故会形成较为黏稠的近似糊状的泥浆，能够最大限度地黏住并快速沉淀钻屑。

（2）在孔内由于钻具连续运动，聚合物泥浆和水混合的越均匀黏度就越强，凝聚力也就越快。

（3）该泥浆体系能对孔壁提供压力，防止在不稳定地层中钻孔的坍塌。

（4）最大化旋挖钻的装载能力，提高掘进速度。

（5）化学聚合物泥浆对钢筋机械性能无影响，某品牌化学聚合物泥浆试验数据如下：

试验项目：钢筋机械性能。

溶液：0.05%聚合物溶液。

试验结果见表1所列。

钢筋机械性能试验结果 表 1

试验条件	破坏荷载（kN）	弯　曲
清水泡 1d	120.7	合格
	121.4	合格
溶液中泡 1d	122.2	合格
	122.1	合格

试验结论：依据《金属材料　拉伸试验》（GB/T 228—2010）标准，化学聚合物泥浆对钢筋机械性能无影响。

（6）化学聚合物泥浆对混凝土抗压强度无影响，某品牌化学聚合物泥浆试验数据如下：

试验项目：混凝土抗压强度。

溶液：0.05%聚合物溶液。

试验结果见表2所列。

混凝土抗压强度试验结果 表 2

试验条件	破坏荷载（kN）	试验条件	破坏荷载（kN）
清水泡 7d	230	溶液中泡 7d	240
	236		242
	220		230

试验结论：依据《普通混凝土力学性能试验方法标准》（GB/T 50081—2002）标准，化学聚合物泥浆对混凝土抗压强度无影响。

（7）无毒无污染。

3.2　用量及价格

一般情况下按 0.01%～0.1%比例配制，根据现场实地情况试验确定配合比例（表3）。

泥浆配合比参照表 表 3

地　层　状　况	泥浆（kg/m³）	黏度（s）
黏土与页岩	0.2～0.6	24～30
淤泥，细、中砂	0.3～0.7	26～32
粗砂，较小的砾石	0.4～0.9	26～35
卵砾石	0.7～1.1	35～45

注：表3为某品牌泥浆配合比参考指标。

市场价格一般为 20～80 元/kg。

以某地铁围护桩施工为例，基坑围护桩直径均为 $\phi800$，桩长 23.05m，间距 1400mm，土层为以细、中砂层为主。若以膨润土为造浆材料，则每立方米的水需用 80kg 膨润土，若以上述品牌的化学聚合物为造浆材料，则每立方米的水需用 0.8kg 的化学聚合物。若以膨润土 400 元/t，化学聚合物 20000 元/t 计算，则单桩理论用量见表 4 所列。

单桩理论用量表   表 4

材　料	单桩理论用量	单　价	单桩总价
膨润土	$80kg/m^3 \times 15m^3 = 1200kg$	400 元/t	480 元
化学聚合物	$0.8kg/m^3 \times 15m^3 = 12kg$	20000 元/t	240 元

由表 4 可以看出，就泥浆这一项而言，与以膨润土为造浆材料相比，以化学聚合物为造浆材料，单桩成本节约 50%。该工程主体结构围护桩共计 323 颗，若都以化学聚合物为造浆材料，则可节约成本 77520 元。

此外，目前北京市场，泥浆外运消纳 100 元/m³ 左右，土方外运 30 元/m³ 左右，由于化学聚合物泥浆可以降解，因此降解处理后的泥浆可直接按土方外运，而膨润土泥浆外运则有 1.2～1.5 的消纳系数（本例取 1.2）。仍以上述工程为例，则单桩泥浆消纳理论费用比较见表 5 所列。

单桩泥浆消纳理论费用对比表   表 5

材　料	单桩理论泥浆量	消纳方式	单桩总价
膨润土	$15m^3 \times 1.2 = 18m^3$	泥浆外运	$18 \times 100 = 1800$ 元
化学聚合物	$15m^3$	降解后按土方外运	$15 \times 30 = 450$ 元

实际应用中，虽不可能每颗桩都消纳泥浆，但也会依据场地条件和围护桩的数量，设置多个泥浆池。因此，从表 5 可以看出，化学聚合物泥浆在消纳上的经济效益远远高于膨润土泥浆。

3.3　使用方法

（1）根据用量确定泥浆池的大小，并在池边上装好循环泵和空气压缩机。

（2）将清水注入泥浆池后，用 20% 氢氧化钠溶液调节水的 pH 值在 8～10 之间。

（3）在循环泵出水管口加入化学聚合物浆液，要求慢慢均匀加入，然后用空压机搅拌，使黏度达到使用要求。

（4）在钻进过程中，保持钻进液面，确保地层压力平衡。

（5）钻进完成后，根据地质、孔深，确定沉渣时间，然后打捞沉渣。若沉渣较多，应再次清渣，以确保下完钢筋笼和导管后沉渣达标。

（6）浇筑混凝土时，应及时回收泥浆。由于混凝土会污染泥浆体系，所以最下面与混凝土接触的 1m 左右的泥浆不得回收，避免混凝土混入泥浆中，导致泥浆体系性能产生变化。

（7）在工程施工结束后，可以在泥浆池中添加适量的强氧化剂，如双氧水或者次氯酸钠等处理剂，同时通过空压机将泥浆混合均匀，静止片刻。化学聚合物泥浆就会被降解，黏度逐渐降低直至清水状态，待泥浆完全降解后，土方可直接外运。

4 结束语

膨润土泥浆要通过机械搅拌，人员搬运，尘土飞扬，污染大，易浪费，长时间堆积如山，易变质等，泥浆制作最少也得两人以上才能完成泥浆拌合，更重要的是膨润土泥浆较难适应复杂地质条件及砂层较厚的地层，影响桩身质量。

化学聚合物泥浆是一种新型材料，该浆的最大特点是固壁性强，孔内沉渣凝聚力强，沉淀速度快，成桩质量高，人员劳动强度低，无污染，制浆快，无浪费，易保存，不易变质，使用简单，直接均匀溶解水中即可。作为一种相对环保的产品，相信在复杂的地质条件下能够更大地发挥作用。

参考文献

[1] GB 50299—1999 地下铁道工程施工及验收规范［S］．北京：中国计划出版社，2003．

[2] QGD-006-2005，轨道交通车站工程施工质量验收标准［S］．

[3] 杨明星，王丽仙．旋挖钻孔低粘降失水泥沙浆配制应用技术，探矿工程（岩土钻掘工程）［J］，2012，39，（2），64-65．

[4] 李永栋，熊文波．旋挖钻孔用聚合物泥浆在黄土状地层中的应用，岩土工程界［J］，2009，12，（7），69-72．

[5] 李晓斌．新型钻孔护壁液施工技术，四川建筑［J］，2011，31，（6），174-175．

多种破桩方法的综合应用技术

邓　委[1]　陈省军[2]　卢　程[3]

（1、3. 中建一局集团第三建筑有限公司；2. 中建三局第三建设工程有限责任公司）

【摘　要】　随着现代建筑技术的高速发展，超高层、软土地基建筑物多采用桩筏基础，钻孔灌注桩、人工挖孔桩的应用非常普遍。桩头破除是桩基施工的最后一环，是土方开挖后期与承台基础施工相衔接的关键性工序，也是施工组织中容易忽视的环节。由于桩的位置、超灌长度、重要性不同，须合理选用破桩（整体吊装、破碎锤和人工别凿）施工工艺，保证施工进度、质量，同时节约成本。

徐州苏宁广场项目工程突破工程常规做法，通过综合应用桩头破除工艺，达到了方便施工、质量保证、节约成本和节省工期的目的，为类似工程提供了可借鉴的施工经验。

【关键词】　超灌；多种破桩方法（整体吊装、破碎锤、人工别凿）；综合应用；施工技术

1　工程概况

徐州苏宁广场项目工程位于江苏省徐州市鼓楼区，彭城广场南侧。工程建筑面积 480289m²，地下建筑面积 120050m²，地上建筑面积 358545m²，由 A、B、C、D、E 五栋塔楼及裙房组成，其中 A 塔楼最大高度 266m，框筒结构，桩筏基础，基底面积 40338m²。

±0.000 相当于绝对标高＋33.5m。底板顶标高－14.55m，板厚 1000mm，塔楼下板厚 2000～3500mm，基坑开挖深度为 15.7～18.2m。

基坑开挖深度范围内土层由厚度较大的填土及粉土、粉砂、粉质黏土组成，土质较松散，同时产生缝隙渗漏、流土、工程桩位移，甚至出现桩身断裂。

依据以上地质勘查公司对场地范围内勘察得到的水文地质信息，工程采用了人工挖孔桩和钻孔灌注桩作为结构基础。A 塔楼采用人工挖孔桩，B、C、D、E 塔楼及下裙房采用钻孔灌注桩。工程桩数量 955 根（不含立柱桩 143 根、试验桩 20 根），设计桩长 10～25m，空桩 10～14m，各项参数见表1、表2所列。

钻孔灌注桩桩径及桩尺寸参数　　　　　　　　　　　　　　　表 1

部位	混凝土强度等级	桩径尺寸（mm）	桩数	截桩长度（设计超灌 1100mm）
B～E 塔楼	C45	1200～1400	648	裙房底板区域：截桩长度 1～1.5m 的约 470 根；
裙房	C40	1300～1400	271	塔楼区域：截桩长度 2～7.5m 的有 323 根

人工挖孔桩参数 表 2

部位	混凝土强度等级	桩径尺寸	桩数	截桩长度（设计超灌 500mm）
核心筒区	C45	2400	18	截桩长度 1~1.5m，其中 2 根桩截桩 2400mm
外框筒区	C45	2700	18	

2　桩头破除方案的策划

目前，中小型工程施工中常用的桩头破除方式为风镐破除，但因本工程桩数量多，采用单一的风镐拆除耗费时间长，难以满足工程进度要求，故需要对桩头的破除工艺进行全方位综合比选，以满足经济实用、保质保量的要求。

根据工程桩的类型、分布情况、施工环境等因素，常用破碎锤打击、人工剔凿（包括风镐拆除）、静力破除的方法进行比选。

桩头破除方案比选 表 3

破除方法	优　缺　点
破碎锤打击	优点：施工速度快，劳动力投入少，且先期 F 楼内支撑开始拆除，破碎锤已经进场，可穿插使用。 缺点：容易扰动桩体，影响桩质量；噪声大、粉尘较大（可选用低噪声破碎锤）
人工剔凿	优点：施工较简便，扰动小，桩柱质量平整度较好，施工噪声较小。 缺点：劳动力需求大，施工速度较慢，噪声较大、粉尘大，声测管不易查找，相当费时；在凿出钢筋笼的主筋和声测管时比较慢，效率较低；对主筋损伤较大；破除后的桩头高低不平，并且对桩基有一定的破坏
整体截断吊运	优点：此方法具有工艺简易、可控制性强、速度快、对桩体质量及桩体钢筋无损伤、节约成本、无污染等特点，截断施工劳动力投入较少，施工噪声较小。 缺点：对大型吊装机械的依赖性强（位于塔吊范围内，塔吊为 D800-42 型）
静爆破除	优点：扰动小、速度较快，劳动力投入较少，施工瞬间噪声较大，对环境影响小。 缺点：需专业队施工，技术较复杂、需报批，破桩质量为桩头平整度较差

注：由于公安审批原因，静爆破碎拆除仅限小范围使用，专业分包正常施工组织也不能满足进度要求，且破除工艺从工期、质量、经济上无优势，故仅做尝试后放弃。

从表 3 各种桩头破除的优缺点，可以得知：

若需保证桩身质量，不宜采用破碎锤，但超灌部分可酌情选择（须通过工艺检验确定可破除高度）。

若需要保证施工进度，则宜优先选择风镐、破碎锤拆除。

若施工工作面制约，人工剔凿和风镐拆除将作为第一选择；若只选用风镐破碎，则进度太慢，若只选用人工剔凿，则人工投入大，工期长，不利于工期节点的控制。

为满足本工程需剔凿的桩长较长、桩径较大、桩数量较多、工期较紧等要求，根据对各因素的考虑，我司选择了多种破桩工艺综合使用的破桩方法。

（1）经与设计沟通，结合基底上 2~4m 土质是粉质黏土，较密实，经试验统计相关数据后，确定基底上1～1.5m桩头有限制采用破碎锤进行施工。在超过钻孔灌注桩桩头设计高度以上1.5m时，每层土方开挖前，可用破碎锤直接破碎超灌部分桩体，再开挖下一层土方，破除下一节桩体，直到桩头高度刚刚超过设计高度1.5m左右；此时可采用风镐破除，以避免对桩体产生扰动。

（2）考虑A区塔楼桩为大直径人工挖孔桩，为保证桩头钢筋不受损伤，桩头混凝土平整，结合类似工程的成熟经验和现场实际情况（桩体位于大型塔吊范围内），确定采用整体吊装法对A区塔楼桩桩头（18根直径2400mm、18根直径2700mm桩，超灌1～1.5m，预留一步土进行人工挖孔）进行破除，每次截断1m高。由于桩基为某公司独立分包，需做好协调工作，在桩身钢筋笼吊放前，用泡沫棉对桩头钢筋进行包缠，并在吊放到孔口时进行二次检查，保证后期桩头破除的顺利进行。

（3）规范桩头破除人工剔凿施工工艺，采用"一剔、二剥、三弯、四顶、五清"的规范施工工艺，范围为基础底桩顶标高以上1.5m范围内全部采用人工剔凿破除工艺，重点是各主楼区的桩头剔凿的施工过程监控，专人负责，保证钢筋不伤、混凝土平实（表4）。

桩头破除方案选择　　　　　　　　　　　　　　　　　表4

桩头类型	桩头长度	桩头破除方法
钻孔灌注桩	长度≤1.5m	人工破除（包括风镐破碎）
	长度>1.5m	1.5m以上采用破碎锤破碎（需配合挖土分段破碎，且严禁开挖1.5m以内土方）
人工挖孔桩	长度≤0.5m	人工剔凿（包括风镐破碎）
	长度>0.5m	0.5m以上采用整体截断吊装

3　桩头破除方案的实际应用

3.1　工艺试验

为保证桩头破除的实际效果，拟选截桩措施不影响桩身质量，对现场已有的部分试桩进行破除，并进行检测，为后续施工提供实际操作效果保障（表5）。

破桩试验　　　　　　　　　　　　　　　　　表5

试验方法	试验次数	检测方法	试验结果
桩头高出地面<0.5m，破碎锤破碎	5	1. 超声波检测，沿管身竖向每隔20cm检测一次数值（根据波形进行判断）； 2. 小应变检测； 3. 垂直度检测； 4. 平面定位偏移检测	此范围内桩身表面出现局部裂缝现象，钢筋破坏较严重
桩头高出地面约1m，破碎锤破碎	5		土层下0.2m以下未受桩头破碎影响，0.2m以上桩身质量出现波动
桩头出地面1.5～2.5m，破碎锤破碎	5		垂直度、质量所受影响可忽略不计，达到Ⅰ级桩要求
采用风镐破碎	5		满足质量要求

图 1　破碎锤破除现场照片

3.2　破碎锤机械破除

因部分桩浇筑高度大大超过设计高度，实施工作中，每层土方开挖完成后，对此范围内的桩头采用破碎锤予以破除。因内支撑梁的影响，本工程采用了 PC120 小型破碎锤，从两侧对桩身进行破碎施工，经过试验，此高度范围内桩身可以采取无序破除（图 1）。

通过此方法，大大提高了桩头破除的速度，因为与土方开挖协调配合进行，也方便了土方开挖机械的使用。

3.3　人工凿除

3.3.1　人工凿除的施工方法

在承台开挖至设计标高后，人工用风镐先凿出钢筋笼的主筋和声测管，然后进行桩头分离，再采用大型机械将桩头吊起。风镐拆除以空压机和风镐为工具，先剥除钢筋保护层（保证预留伸入底板内钢筋质量），再由上而下逐层破除。

3.3.2　工艺流程

首先挖去桩四周的土方，在桩身上按照标高弹出桩顶标高控制线，并上返 150mm 宽将混凝土保护层剥离，用风镐破除梁顶标高 100mm 以上超灌部分，最后手工整平桩顶，达到标高和平整度要求（图 2）。

规范人工破除的操作流程，严格遵照"一剔、二剥、三弯、四顶、五清"的施工工艺要求。

一剔：在桩顶设计标高位置以上设置 10～15cm 的剔凿（切割）线，人工凿开环向缺口，深度至钢筋面（如桩面平滑可结合切割机切割，但不得伤及钢筋），便于后续的风镐作业剥离钢筋。

图 2　风镐拆除现场照片

二剥：用风镐沿钢筋的走向剥离缺口上侧钢筋外保护层，使钢筋安全与混凝土脱离。

三弯：用长钢管套入桩头钢筋至底，将钢筋向外侧掰至微弯，便于施工。

四顶：沿桩环向钻孔，间距 300mm 为宜，至桩身混凝土出现环向裂缝至最后断开，钻头水平或稍向上，位置保证不小于在桩顶设计标高以上 10～15cm。

五清：将桩头破除混凝土提出，然后用人工凿除并清顶，保证混凝土平整坚实，桩头微凸。

3.4　整体截断吊装

整体截断吊装工艺比较简单，但效果较好，先用风镐或电锤在截桩标高部位利用电锤钻出打眼，然后人工将钢钎（或楔形材料）打入桩身，待混凝土裂缝发展闭合后（多方向形成通缝），桩身自打钎部位上下自然断开，形成平整截面，然后可将断开的桩身直接用塔吊吊运出基坑（塔吊臂端吊重须大于 2t）。

3.4.1 桩头整体破除法施工方法

桩头整体破除法主要是在钻孔结束后安装钢筋笼前，将事先加工好的复合脱松套或 PE 管直接套入钢筋笼外露承台的主筋和声测管外端表面，将钢筋笼伸入承台的主筋和声测管全部包裹、密封。复合脱松套或 PE 管主要作用是使桩头混凝土和主筋不发生握裹。

复合脱松套或 PE 管主要设置在桩头部分，为了保证桩头的分离，复合脱松套底端设在切割线下 75mm 的位置处，下部采用胶带固定，胶带深入桩体 5～10cm，上端同此做法。为了保证复合脱松套或 PE 管的整体位置准确，在桩头内用 22 号钢丝将缠绕在钢筋上的胶带绑扎固定，保证其不发生窜动，将其位置固定。

复合脱松套选取硬塑料材质，保证在灌注中不被混凝土挤扁失效。管径宜选取比主筋直径大 2～5mm，确保钢筋与复合脱松套分离。PE 管直接采用市场上销售的直径合适的 PE 管即可。

破桩头采用复合破桩头法施工，在开挖承台前，预先放出开挖边线，并标识桩头所处位置，避免开挖过程中桩头被损坏。承台开挖完成后，在桩顶高程以上 10cm 处采用气动凿岩机垂直桩身方向钻孔，钻孔深度只需要达到桩径的 1/5 即可，然后将分离契子插入钻孔中，并采用外力进行敲击，直至钻孔处桩头与桩身面产生分离，然后再起吊出上部桩头。

3.4.2 施工中注意事项

（1）桩头钢筋密封

在进行复合脱松套或 PE 管安装时，必须将外露承台的钢筋和声测管全部密封，且完全固定，保证其不发生窜动。

（2）桩头分裂

总是保持绝对的水平的钻孔，分裂的作用力会沿着钻孔的角度延伸。

钻孔桩的顶部应该处于桩顶高程以上 10cm 处的分裂位置，而不是其底部或者中心。如果是底部处于分裂位置，很有可能还有 50mm 的桩头需要手提钻来处理。

钻孔深度只需达到桩直径的 1/5 即可。

分裂楔子必须以合适的角度插入，唯一运动的部分是中心楔子，其作用力使得外部的楔子互相反向的分开、上下分开。如果分裂楔子被旋转 90°，它就会向两边分开，就会把桩体纵向从头到脚分开。

插入分裂楔子后在工作前倒退大约 50mm，这样可以确保中心舌部有空间向前移动，从而使得外部楔子分开，而不会在钻孔末端碰到混凝土阻力。如果确实碰到混凝土，中心舌部易弯曲。

在进行破桩头钻孔时，要做到认真、仔细，避免钢筋或声测管被损坏。

（3）桩头起吊

在吊起桩头前，必须确保桩头与桩身完全分离。

在吊起桩头时，要确保钢丝绳等起吊机具不脱掉，避免安全事故。

3.5 多种破桩方法的综合应用效果

3.5.1 破除效果

本工程共 323 根桩头，超灌长度超过 1.5m（包括深坑区域），采用破碎锤破除上部桩头，加快了土方开挖速度；此 323 根桩头 1.5m 以内长度采用人工剔凿，另有 470 根桩头长度不足 1.5m，采用人工剔凿的桩头破除方法；A 塔楼两根人工挖孔桩采用整体截断吊运的方法。

通过一系列的现场控制措施，截桩施工完成后，通过实际检验，桩头效果很好，标高误差在 −30～50mm 范围内，桩顶较为平整，钢筋未因截桩而受到较大损伤，桩基检测共抽 103 根，桩基验收时全为 I 类桩，满足设计要求。

3.5.2 桩头破除工艺的工效

各种破桩措施在工程应用中的效率受到很多因素的影响，包括工人的熟练程度、投入的机械设备条件、桩本身的质量、所需破除的长度等。本工程中的桩头破除措施的施工时间统计见表 6 所列。

桩头破除工艺的时效参数　　　　　　　　　　　　　　　　　　表 6

截桩方法	平均破除用时	平均劳动力需求	总投入劳动力
人工（风镐）破除	90min	2 人/桩	40 人
破碎锤破除	20min	1 人/桩	20 人
整体截断吊运	20min	1 人/桩	10 人

本文中的整体截断吊装中预加松脱套管的工艺需要在工程桩施工的同时施工，否则，只能剔除保护层后断开钢筋，再截断吊运。破碎锤破除一般应用于超灌量较大的桩，工程中实际应用较少。

本工程综合运用多种破桩方法大大加快了施工速度，共经历 45 日历天（累积天数）成功完成所有桩头破除。若采用单一的人工剔凿方法，将需要 80 日历天才能完成此项任务（相同劳动力下比较）。

4 结语

本工程通过试验和实际应用成果，得出：破碎锤机械破桩法适宜在最后一步土方开挖前应用，尤其适合土质条件较好，截桩段长、桩间距紧密、桩数量多的情况；整体吊装法工艺对塔吊（起重机）依赖性较强，需在桩基施工时配合其他措施，适于机械充足、工期要求不紧张的工况，质量容易保证；人工剔凿法机动灵活，适应性强，适宜在管理规范的工程中选用。

多种破桩技术的综合应用，既保证了桩头破除的效果，加快了施工的进度，减少了成本投入，同时，充分利用现场已有的劳动力、材料、机械，能够充分调动整个现场的资源，实现资源合理配置。

多种桩头破除方法综合应用技术在徐州苏宁广场项目的成功实践，在工期、质量和成本控制方面取得了显著的成果，适合具有类似工况的项目使用。

参考文献

［1］ 中国建筑科学研究院.GB 50007—2011 建筑地基基础设计规范［S］.北京：中国建筑工业出版社，2012.

［2］ 中国建筑科学研究院.GB 50202—2002 建筑地基基础工程施工质量验收规范［S］.北京：中国建筑工业出版社，2003.

［3］ 中国建筑科学研究院.GB 50666—2011 混凝土结构工程施工规范［S］.北京：中国建筑工业出版社，2012.

［4］ 魏啟云.桩头破除技术在施工中的应用分析［J］.建筑知识，2011，（12）.

［5］ 严建锋.桩头破除的绿色施工技术［J］.施工技术，2011，（10）.

浅谈预应力锚索在砂卵石地层施工中的应用

张 斌[1] 陈 辉[2]

（1. 中铁十九局轨道交通工程有限公司六公司；2. 北京工业职业技术学院）

【摘 要】 本文主要介绍了在砂卵石地层深基坑施工中采取预应力锚索支护的施工经验，对预应力锚索的全套管跟进水冲法成孔、钢绞线制作与下放、锚索孔常压、高压注浆、劈裂注浆、锚索张拉锁定、锚索试验等也作了较为详细的介绍，可为类似的工程提供参考。

【关键词】 预应力锚索；砂卵石地层；全套管；劈裂注浆

1 工程概况

郭公庄站是北京地铁 9 号线南端起点站，为双岛四线车站，采用明挖法施工，车站结构全长 251.4m，标准段宽度 41.4m（局部宽 42.6m），车站顶板覆土约 3.5m，底板埋深 17m 左右。本站附属结构设有 6 个出入口（含 2 个安全出入口）和 2 个风道。

场地地质情况：场区范围上覆人工堆积层及第四纪全新世冲洪积层。地层依次为粉土填土层、杂填土层、粉土层、粉细砂层、砂砾卵石，砂砾卵石层大部分粒径在 30cm 左右，大的甚至达到 65cm，大于 20mm 颗粒约占总质量的 85%，亚圆形，中粗砂填充。

水文地质情况：车站范围内量测到一层地下水，为潜水，未发现上层滞水。潜水水位标高 16.28～17.82m，含水层为卵石层，补给来源主要为大气降水和侧向径流补给，以侧向径流和向下越流方式排泄。

围护结构采用钻孔灌注桩＋预应力锚索的支护体系，钻孔桩采用 ϕ1000@1600mm 灌注桩，桩长为 19～23m 不等，桩顶设置高 1m 冠梁，锚索采用 5～7 根公称直径为 15.2mm 的钢绞线（第一层采用 4 根 12.7mm 钢绞线），标准强度为 1860MPa。承力结构为：第一排直接锚入冠梁，第二、第三排分别为 2 根 128a、2 根 125a 工字钢加焊钢缀板，工字钢间配以内肋板连接，后贴通长钢板，锚固体采用纯水泥浆，泥浆水灰比 0.45，水泥强度不小于 25MPa，锚孔直径为 200mm，锚索布置于两根桩间，一桩一锚，锚索夹角为 20°。

根据设计图与现场实际勘测的资料，第一层锚索位于粉细砂层，第二层锚索位于砂卵石、圆砾层，第三层锚索位于卵石层，卵石粒径均可达 30cm，最大可达 60cm 以上，且卵石地层土体孔隙率比较大，锚索位于不同的地层，地质情况较复杂，锚索施工的正常钻进与保证注浆质量、控制注浆量是本工程的重点与难点，根据明挖基坑的工程地质、水文地质情况及施工工期的要求，经综合考虑，锚索施工采用目前国内最先进的德国进口英格索兰 HD-90 系列钻机，该钻机特点是施工时受地质变化影响较小，成孔速度快，不足之处是施工时需水量大，须做好基坑内排水工作。

2 预应力锚索施工

2.1 预应力锚索原理

预应力锚索主要通过锚索将软弱松动、不稳定的土体悬吊在深层稳定的土体上，以防止其离层滑落，预应力锚索，一方面可以直接在滑面上产生抗滑阻力，另一方面通过增大滑面上的正应力来增大抗滑摩擦阻力，从而提高边坡土体的整体性及稳定性。

2.2 预应力锚索支护施工方法及工艺流程

锚索施工工艺流程如图 1 所示。

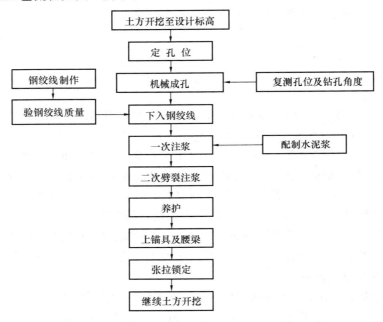

图 1　锚索施工工艺流程图

2.3 施工准备

锚索施工遵循"分段分层、由上而下、先锚固、后开挖"的原则进行锚索施工及基坑开挖，当每层土方开挖至锚索孔位下 0.5m 高程时，因砂卵石地层土体自稳性比较差，采取喷射混凝土对开挖面进行支护后再进行锚索施工，施工前先精确测量出锚索孔位再进行开孔作业。根据 HD 钻机的特点，钻机的工作面宽度不小于 7m，施工时东西两侧各设置一台钻机同时施钻。施工用电采用交流电，功率 80kW，用水使用深层地下水，用 100mm水管分两个 φ50mm 阀门通向基坑。因施工时用水量大，因此，正式钻进前，须于基坑内设置好排水沟，并于基坑南、北两侧各设置一个泥浆沉淀池。

2.4　锚位开孔

锚固孔位放样完成后，准确安装固定钻机，并严格认真进行机位调整，确保锚孔开钻就位纵横误差不得超过±50mm，高程误差不得超过±100mm，钻孔倾角和方向符合设计要求，倾角允许误差为±1.0°，钻孔深度误差为0～500mm。

2.5　钻孔

锚索开孔施工完成后，即可移动钻机就位进行钻孔作业。HD系列钻机采用套管跟进水冲法作业，机内配置高压泵及可冲击钻头，土壤在高压水冲击钻头及推进力作用下冲散成孔，泥浆及水沿套筒周边涌出，反复冲击，形成扩大头锚杆，能更有力地保证锚索的支撑作用。针对砂卵石地层中，钻进提管过程中砂粒容易随钻头涌至管内，导致堵管的情况，锚孔需反复冲洗后方可下放钢绞线。

2.6　锚索制作与下放

锚索用7ϕ5钢丝组成的直径为15.2mm的钢绞线，下料长度按照孔深＋腰梁（0.28m）＋钢垫板（0.04m）＋千斤顶工作长度（0.45m）＋0.30m，每股长度偏差控制在50mm以内，采用冷切割下料。

锚固段每隔2.0m设一个架线环，用火烧丝绑扎牢固，锚索自由段套入塑料管保护，两端应裹严密，防止漏入水泥浆。锚索加工检验合格后，方可下放。杆体放入孔内后，外露张拉长度为1.2m。

2.7　注浆

为了提高锚索受力，一次注浆与二次注浆都使用纯水泥浆，水灰比0.45，搅浆用水为地下水，水泥为强度等级42.5级的普通硅酸盐水泥。

2.7.1　一次注浆

HD钻机的注浆分为一次常压注浆和一次高压注浆两次进行。

一次常压注浆：用高压水冲洗钻孔并安放锚索杆体完成后，即可进行锚索一次注浆，由于注入的水泥浆较孔内残留的泥浆、清水比重大，故能依次将泥浆、清水置换出来，由孔底开始注浆，当孔口冒出的水泥浆与新浆相同时，再继续注浆2min即可。

一次高压注浆：拨出一节套管，在管内注满水泥浆，并在管口加盖高压注浆帽，继续注浆，管内水泥浆在高压作用下，向锚固端土壤扩散，渗透压缩周边土体，稳定2min后卸管，再拨出一节套管，并继续上述过程，直至拨管至自由段时停止二步注浆，继续拨管至完成。拨管后应注意检查锚索杆体是否正确。

针对本工程中粗砂、圆砾地层容易出现充满砂石空隙，造成注浆外流的情况，可采用间歇式反复注浆的办法，控制浆液向周边流动，直至注浆压力达到设计压力为止。锚固段注浆必须按设计压力控制进行注浆，对自由段应以保证锚孔周边的岩体稳定为前提，防止过量注浆。

2.7.2　二次劈裂注浆

二次注浆为劈裂注浆，注浆压力一般为2.5～5.0MPa，第二次注浆时间为第一次注浆锚固体强度达到 5MPa 后进行，其目的是再次向锚固区段注浆，使第一次注浆体被劈裂，浆液在高压下被压入孔内壁的土体中，使锚索能牢固地锚在砂层中。压浆管为胶管，在制作钢绞线时绑扎在钢绞线中。施工中为了使二次注浆达到设计效果，在一次注浆中必须将锚固段完全注满浆。

2.8 张拉锁定

锚索固体达到设计强度时，可进行锚索张拉锁定。明挖基坑锚索张拉的时间定为二次注浆 7d 后进行张拉。张拉前应对张拉设备进行标定，其压力表与负荷换算采用内差法进行计算。张拉分预张拉和锁定张拉两种，预张拉一般力值为 $0.1N_t$、$0.25N_t$、$0.5N_t$、$0.75N_t$、$1.0N_t$、$1.2N_t$（N_t 为设计荷载），锚杆每级张拉应保持 5～10min，并确认钢绞线弹性位移量，若锚头位移不超过 2mm，同时张拉机压力表指针稳定时方可继续加荷，并记录每级荷载下的锚头位移，锚索抗拔力试验加到最大试验荷载，观测 15min 测读 3 次锚头位移后，卸荷至 $0.1N_t$ 量测锚头位移，完全卸荷后再张拉至张拉力值 $0.75N_t$ 进行锁定。

锚索抗拔力试验加荷与观测时间分配见表 1 所列。

锚索抗拔力加荷等级与观测时间分配表   表 1

加荷等级	$0.1N_t$	$0.25N_t$	$0.5N_t$	$0.75N_t$	$1.0N_t$	$1.2N_t$
观测时间（min）	5	5	5	10	10	15

现场记录钢绞线伸长量应与理论弹性伸长量进行比较，锚杆弹性变形不应小于自由段长度变形计算值的 80%，且不应大于自由段长度与 1/2 锚固段长度之和的弹性变形计算值。若不考虑孔道的摩擦阻力系数，张拉产生的理论弹性伸长量计算值为：

$$\Delta l = \frac{Pl}{A_p E_s}$$

式中 P ——预应力筋张拉力；

l ——预应力筋长度（自由段长度）；

A_p ——预应力筋截面面积；

E_s ——预应力筋弹性模量，宜由实测求得或按以下取用：对刻痕钢丝、钢绞线、冷拉Ⅲ～Ⅳ级钢筋 $E_s = 1.8 \times 10^5$。

锚杆锁定后 48h 内，若发现预应力损失大于锚杆拉力设计值的 10% 时，应进行补偿张拉。

3 总结

为了掌握锚索在实际工作中的受力状态，并检验锚索的施工质量，每 20 根锚索中设置 1 个锚索测力计。经过长时间的观测结果显示，锚索支撑自施工至今以来，锚索受力性能良好，蠕变量小，说明本次锚索施工是成功的，锚索支撑施工质量达到了设计要求，保证了本深基坑工程的稳定。

参考文献

［1］ 张子军，雷卫东．路堑坡面锚索施工技术［J］．铁道标准设计，2003（增刊）．

［2］ 北京城建集团有限责任公司．GB 50299—1999 地下铁道工程施工及验收规范．［S］．北京：中国计划出版社，2003．

［3］ 冶金部建筑研究总院．GB 50086—2001．锚杆喷射混凝土支护技术规范．北京：中国计划出版社，2004．

高压旋喷桩加固中密卵石地基施工技术

王　洋[1]　鲁丽萍[2]　郭应军[3]

（1、3. 中建一局集团第五建筑有限公司；2. 北京城建科技促进会）

【摘　要】　高压旋喷桩作为一种基础或支护等土体加固形式，以其多用途，具有加固土体质量可靠，施工速度快，能在作业面狭小的现场进行施工等功能特点，逐渐成为我国常用的土体加固处理方法之一。但高压旋喷桩对中密卵石地基进行加固处理的方式还相对较少，关键技术的理论研究资料比较缺乏，本文主要结合实际工程案例将高压旋喷注浆法对中密卵石地基加固做法的工艺和施工要点进行论述。

【关键词】　高压；旋喷注浆；中密卵石；加固；地基承载力

1　工程概况

成都珠江新城国际 A 区工程总建筑面积 72.3 万 m²，其中地下室总面积约为 21.7 万 m²，地上建筑总面积约为 50.6 万 m²，主要由 4 栋塔楼及裙楼组成大型综合体。其中 A2 主楼为甲级写字楼，建筑高度 195.1m，地下共 3 层，地上 54 层，标准层高为 3.3m，结构类型为劲性钢骨混凝土框架核心筒结构，基础为超厚大体积筏板基础。

根据设计要求，地基基础持力层必须为密实卵石层，而在 A2 主楼西侧筏板基础以下局部出现中密卵石，因此需对此部分进行地基加固。

2　方案设计

2.1　设计原理

结合本工程地基为中密卵石等特点，采用高压单管旋喷注浆法进行加固，用高压旋转喷射注浆机把前端带有喷嘴的注浆管置入砂砾石层预定深度后，通过高压设备使浆液成为 30～40MPa 的高压流从喷嘴中喷射出来，形成喷射渣切割破坏砂砾石层，使原有砂砾石层被破坏并与高压喷射进来的水泥浆按一定比例和质量大小，有规则地重新排列组合，浆液凝固后，便在砂砾石层中形成一个柱状结体。由于喷射出来的浆液动力大，能够置换部分碎石土颗粒，使浆液进入碎石土中，以提高地基承载力和抗剪强度，改善土体的变形性质，使其在上部荷载直接作用下不产生破坏或过大的变形，从而起到加固地基的作用，整体原理示意图如图 1 所示，旋喷桩固结示意图如图 2 所示。

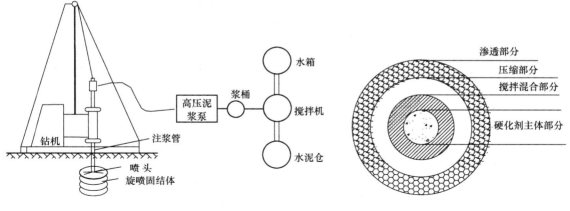

图 1　单管旋喷注浆示意图　　　　　　　　图 2　旋喷桩体固结示意图

2.2　方案设计

2.2.1　单桩承载力计算

按《建筑地基处理技术规范》（JGJ 79—2012）第 7 章节，高压旋喷单桩竖向承载力 R_a 按以下公式计算，本工程中，高压旋喷桩直径取 $d = 0.50 \text{m}$。

$$（1）\qquad R_a = U_p \sum_{l=1}^{N} (q_{si} l_i) + a_p q_p A_p$$

式中　q_{si}——桩周第 i 层土的侧阻力特征值（kPa）；

　　　　q_p——桩端地基土承载力特征值（kPa）；

　　　　a_p——桩端端阻力发挥系数取 0.4；

　　　　l_i——桩周第 i 层土的厚度（m）；

　　　　U_p——桩的周长（m）。

根据地勘报告中"工程地质剖面图"，综合分析需处理范围内的地层情况，选择地层最差的 140 号钻孔计算 R_a。140 号钻孔地层参数选取见表 1 所列。

钻孔地层参数　　　　　　　　　　　　　　　表 1

土　层	桩侧土层	桩端持力层
	中密卵石	密实卵石
厚度（m）	4.0	≥1.0
q_s（kPa）	60（成都地区经验值）	70（成都地区经验值）
q_p（kPa）	/	1700

代入表中数据，可得：$R_{a1} = 620 \text{kN}$。

（2）桩身强度 $f_{cu} \geqslant 4 \lambda R_a / A_p$

式中　λ——单桩承载力发挥系数，取 0.8；

　　　　R_a——单桩承载力；

A_p——桩的截面积（m^2）（桩直径 $\phi500$），$A_p=0.19625$；

$f_{cu} \geqslant 4\lambda R_a/A_p=4\times0.8\times620/0.19625=10109kPa$，所以 f_{cu} 取 11MPa。

2.2.2 面积置换率 m 的确定

复合地基中，一根桩和它所承担的桩间土体为一复合土体单元，在这一复合土体单元中，桩的断面面积和复合土体单元面积之比，称为面积置换率，用 m 表示，其具体计算如下：

$$f_{spk} = \lambda m \frac{R_a}{A_p} + \beta(1-m)f_{sk}$$

式中　　f_{spk}——复合地基承载力特征值（kPa），取值 1000kPa；

f_{sk}——处理后桩间土承载力特征值，综合取值 550kPa；

λ——单桩承载力发挥系数，取 0.8；

m——面积置换率；

A_p——桩的截面积（m^2）（桩直径 $\phi500$），$A_p=0.19625$；

β——桩间土承载力发挥系数，取 1；

R_a——单桩竖向承载力特征值，按 620kN 取值。

则，置换率为：$m=0.23$；

单根桩承担的处理面积等效圆直径 $d_e=(d_2/m)0.5=1.0$。

2.2.3 桩的布置

根据置换率，可计算桩间距：

按正方形布置：$s=d_e/1.13=0.88m$。

本工程按 0.8m 正方形在需处理范围内进行满堂布置，具体桩长根据现场引孔及地勘报告确定，最短桩长不小于 5.0m。地基加固平面区域及桩位大样图分别如图 3、图 4 所示。

3 地基加固施工工艺及操作要点

3.1 工艺流程

旋喷桩方案的制定与设计→施工准备→测放旋喷桩中心位置→钻机就位，跟管跟进钻孔引至设计深度→提升钻杆，下 PVC 管护壁→制备泥浆，旋转喷浆→提升钻杆，旋转喷浆→清洗注浆泵，并移位钻孔→试验检测→褥垫层施工。

3.2 操作要点

3.2.1 施工准备

（1）按照施工设计图纸的要求，编制施工方案。对参与施工的人员进行安全教育及施工技术交底。

（2）对施工场地进行平整并对施工场地标高进行复合。

（3）试验检验：完成原材料的检验和泥浆配合比的试验，初步确定施工设备参数。

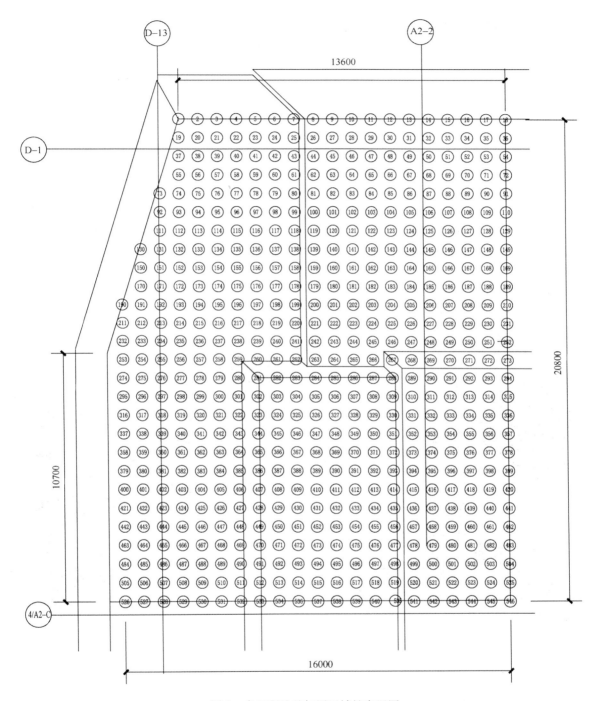

图 3　本工程地基加固区域桩布置图

3.2.2　测放旋喷桩中心位置

首先结合设计图纸及现场情况进行旋喷桩的布置、分区和编号。然后测量放样出旋喷桩施工区域边界桩，根据边界桩以及图纸放出其他桩位的中心位置，并用短竹棍和白灰标示。

3.2.3　钻机就位，跟管跟进钻孔至设计深度

（1）结合下卧地基为中密卵石，采用一般的钻机不能满足钻孔要求的情况，本工程采用 QLCN-120 履带式多功能岩土钻机跟管钻进，钻孔直径为 140mm。当钻机就位后，钻头对准桩位中心，用水平尺校正钻机使钻杆垂直，孔位偏差不大于 5mm，成孔时应垂直，垂直度误差控制在 1.5%，然后将钻机调整稳定，防止钻机移位，偏离桩位中心。

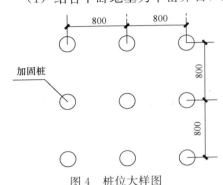

图 4　桩位大样图

（2）钻机校正固定，钻头对中后，开启空压机、低压水泵、高压水泵，待正常运转后，向孔内送气送水，同时缓缓下沉钻杆套管跟进钻进成孔，直至设计深度。钻杆长度需提前确定，以保证桩顶标高和桩底标高，其操作示意如图 4 所示。

3.2.4　提升钻杆，下 PVC 管护壁

（1）钻孔结束后，将钻杆缓慢提出，将底部用无纺布包扎的直径为 120mm 的 PVC 护壁管下进护壁管中进行成孔护壁。

（2）当护壁套管下至孔底后，采用 YGB 液压拔管机将套管分节拔出（图 5）。

图 5　跟管钻孔

图 6　提升钻杆，下 PVC 管

3.2.5　制备泥浆，旋转喷浆

结合本工程的中密卵石地基，采用高压旋喷注浆法施工相比其他一般土质有较大差别，由于卵石强度较高，会给喷浆带来极大的阻力，因此需要特别控制旋转喷浆的施工质量，具体操作如下：

（1）水泥浆液制备与钻孔同时进行，随配随用，浆液的水泥、水及掺加剂必须按室内试验和现场试桩确定的配合比严格计量，采用制浆机均匀拌制。浆液在搅拌机内搅拌时间不小于 5min。单桩水泥浆液用量按下面两个公式计算，根据体积法和喷量法计算结果，

取两者较大值作为所需喷浆量。

按体积法计算：
$$Q = \frac{\pi D^2}{4} KH(1+B)$$

按喷量法计算：
$$Q = H/V\, q(1+B)$$

式中　Q——旋喷浆液用量（m³）；

　　　D——桩体直径（m），取 0.5m；

　　　K——填充率，在 0.75～0.90 之间，取 0.80；

　　　H——桩长（m），从地面计算，取 5.0m；

　　　B——损失系数，可选用 0.1～0.3，取 0.2；

　　　V——提升速度（m/min），<0.25m/min，取 0.23m/min；

　　　q——单位时间喷射浆液量（m³/min），因其泥浆泵为高压泥浆泵，根据经验取值
　　　　　　为 $90×10^{-3}$ m³/min。即：

按体积法计算得出：$Q = \pi D^2/4\, KH(1+B)$

　　　　　　　　$=3.1415926×0.5^2×0.80×5.0×(1+0.2)/4=0.9425$m³。

按喷量法计算：　　$Q = H/V\, q(1+B)$

　　　　　　　　$=5.0×90×0.001×(1+0.2)/0.23=0.2348$m³。

根据体积法和喷量法计算结果，取两者较大值，即所需喷浆量 $Q=0.9425$m³。

（2）拌制好的水泥浆液必须经过严格过滤，除去硬块、砂石等，以免堵塞管路和喷嘴。制备好的浆液在旋喷过程中必须连续不停的搅拌，防止沉淀。

（3）待成孔到设计深度后，将拌制好的水泥浆液（水灰比 1：0.8）倾入集料斗中，即可开始进行旋喷。此时，高压泵由送水改为送浆，为保证桩底有足够的水泥浆量，在喷头达到桩底时应停止高压旋喷 30s，让浆液在桩底自由流动。随后，边旋转边提升边喷浆，旋转速度一般控制在 20r/min 左右，提升速度控制不超过 0.25m/min，直至设计桩顶标高为止。旋喷完成后保证浆液充盈系数在 0.75～0.9 之间即可满足设计要求，其计算方法为实际灌注浆量与设计浆量的比值。

（4）将喷具下入 PVC 管内的设计深度，设置好旋喷速度，按照设计参数要求自下而上旋喷灌浆到设计高程。因 PVC 管可起到护壁的作用，因此插入的 PVC 管为一次性投入使用。

3.2.6　清洗注浆泵，并移位钻孔

旋喷桩喷浆结束后，将钻机钻杆提出，同时用清水清洗送浆泵、钻杆以及输浆管道，管内不得残存水泥浆，然后将钻机移位至新孔位继续进行施工。

3.2.7　垫层设计

因本工程地基土质的特殊性，待高压旋喷注浆复合地基施工完成后，在筏板基础底部与旋喷桩桩顶之间设置 300mm 厚褥垫层。褥垫层材料为中砂级配卵石，砂石比例为 1：3，最大粒径不宜大于 30mm。褥垫层的铺设宽度应大于筏板基础外边线 200mm。褥垫层夯实采用振动式打夯机，夯实后的褥垫层厚度与虚铺厚度之比不得大于 0.9，待褥垫层施工完毕养护达设计强度后，即可直接在上面施工筏板垫层。旋喷桩剖面示意如图 7 所示。

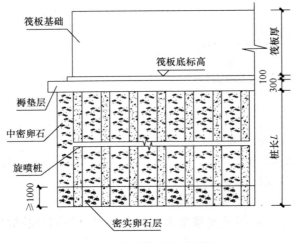

图 7　高压旋喷桩剖面图

筏板基础

筏板厚

筏板底标高

100

300

褥垫层

中密卵石

旋喷桩

≥1000

密实卵石层

桩长 L

4　质量控制及要求

4.1　质量控制

（1）正式开工前应认真做好试桩工作，确定合理的施工技术参数和浆液配合比。

（2）旋喷过程中，冒浆量小于注浆量的 20% 为正常现象，若超过 20% 或完全不冒浆时，应查明原因，调整旋喷参数或改变喷嘴直径。

（3）钻杆旋转和提升必须连续不中断，拆卸接长钻杆或继续旋喷时要保持钻杆有 10～20cm 的搭接长度，避免出现断桩。

（4）在旋喷过程中，如因机械出现故障中断旋喷，应重新钻至桩底设计标高后，重新旋喷。

（5）制作浆液时，水灰比要按设计严格控制，不得随意改变。在旋喷过程中，应防止泥浆沉淀，浓度降低。不得使用受潮或过期的水泥。浆液搅拌完毕后送至吸浆桶时，应有筛网进行过滤，过滤筛孔要小于喷嘴直径的 1/2 为宜。

（6）在旋喷过程中，若遇到孤石或大漂石，桩可适当移动位置（根据受力情况，必要时可加桩），避免畸形桩或断桩。

4.2　旋喷桩施工质量要求

旋喷桩施工质量要求及检查方法见表 2 所列。

旋喷桩施工质量要求及检查方法　　　　　　　　　表 2

序号	项　目	允许偏差	检查数量	检查方法及说明
1	固结体位置（纵横方向）	50mm	抽检 2%，但不少于 2 根	用经纬仪检查（或钢尺丈量）
2	固结体垂直度	1.5%		用经纬仪检查喷浆管
3	固结体有效直径	±50mm		开挖 0.5～1m 深后尺量
4	桩体无侧限抗压强度	不小于设计规定		钻芯取样，做无侧限抗压强度试验
5	复合地基承载力	不小于设计规定	抽检 2‰，但不少于 1 处	平板荷载试验
6	渗透系数	不小于设计规定	按设计要求数量	加固体内或围井钻孔注（压）水试验

注：钻芯取样做桩体无侧限抗压强度试验、复合地基平板荷载试验和渗透系数试验应在成桩 28d 后进行，若设计
　　有其他要求，按设计要求的时间进行检查。

5 试验检测

施工完毕养护 28d 后，应由有资质的检测单位对地基加固效果进行检测，按《四川省建筑地基基础质量检测若干规定》进行检测，主要采取静荷载试验，待试验满足设计要求并经相关单位验收合格后，方可进行浮土清理（褥垫层位置清理深度为基础垫层底面以下20cm）及褥垫层和垫层施工，并把检测试验报告作为竣工验收依据之一。

6 效益分析

6.1 经济效益

旋喷桩与采用换填 C20 毛石混凝土加固地基相比，旋喷桩更加节约工程成本和施工周期。

6.1.1 C20 毛石混凝土加固地基费用

（1）基坑开挖

基坑开挖深度 5m，面积约 330.8m²。基坑开挖采用 SWE50N9 挖掘机，每台班可开挖土方约 208m³，根据当地定额，挖掘机开挖价格为 21.8 元/m³。

330.8×5/208＝8 台班

330.8×5×21.8＝36057.2 元

（2）C20 毛石混凝土价格为 350 元/m³。

330.8×5×350＝578900 元

（3）混凝土浇筑人工费

C20 毛石混凝土浇筑每立方米人工费综合单价为 120 元/m³。

330.8×5×120＝198480 元

36057＋578900＋198480＝813437 元

6.1.2 旋喷桩加固地基费用

本工程地基加固所需 546 根旋喷桩，桩长度根据现场情况确定，不小于 5m。综合考虑人工费、机械费、检测费等费用，旋喷桩施工价格为 130 元/m。

5×546×260＝709800 元

6.1.3 成本对比

采用换填 C20 毛石混凝土加固方式约需 81.3 万元，采用旋喷桩加固方式约需 71 万元，采用旋喷桩比采用毛石混凝土可节约造价 10.3 万元。

6.2 环保效益

（1）高压旋喷注浆法环保安全，废弃物品排放少。

（2）旋喷桩占地面积小，对周围环境和道路通行影响小。

6.3 社会效益

（1）高压旋喷注浆法大大节省了施工工期和施工成本。

（2）因基础加固区域为深基坑，靠近护坡桩，采用旋喷注浆法加固地基可减小对护坡桩的影响，保证施工安全。

7　总结

（1）成都珠江新城国际A区工程A2主楼西侧高压旋喷桩加固中密卵石地基的实践证明，高压旋喷注桩具有对中密卵石地基加固施工简便、造价低等优点，取得了良好的经济效益、环保效益和社会效益。

（2）根据现场静载试验试验数据分析，本工程高压旋喷桩加固施工使地基承载力满足了设计要求。

（3）高压旋喷桩加固中密卵石地基施工技术，是解决因地基承载力不足而需对地基加固的理想施工技术之一，可供同类工程借鉴。

参考文献

［1］中国建筑科学研究院．JGJ 79—2012建筑地基处理技术规范．北京：中国建筑工业出版社，2013．

［2］中华人民共和国住房和城乡建设部．GB 50007—2011．建筑地基基础设计规范．北京：中国计划出版社，2012．

［3］四川省建筑地基基础质量检测若干规定（修订本）．2004，7．

［4］王珮云，肖绪文．建筑施工手册（第五版）．北京：中国建筑工业出版社，2011，12．

高压旋喷桩止水帷幕在工程中的应用

【摘　要】 常营三期剩余地块公共租赁住房项目一标段工程，包括住宅楼及配套，其中 2 号地下车库及 6 号、7 号住宅楼基槽内的集水坑和电梯井（共 17 座）基底标高在地下水位以下。考虑到降水井施工对支护系统的威胁及对基底的扰动，采用高压旋喷桩止水帷幕进行止水，坑内疏干井配合施工的方案。该方案经过与各类其他方案对比，既保证了基坑安全，且经济合理。

【关键词】 高压旋喷；止水帷幕；局部深坑

1　工程概况及地质条件

1.1　工程概况

常营三期剩余地块公共租赁住房项目一标段位于北京市东五环外朝阳区常营乡，管庄路东侧，朝阳北路南侧。本工程包含 5～7 号住宅楼、15～18 号配套商业、13 号小学、1～2 号地下车库、1 号人防出入口、19 号开闭站。其中 2 号地下车库和 6 号、7 号住宅楼基本设计条件见表 1 所列。

拟建建筑物基本设计条件一览表　　　　　　　　　　　　　　　表 1

单位名称	地上/地下层数	结构类型	基础型式	设计拟订室内 ±0.000	地下水位相对标高	集水坑/电梯井基底标高	基底标高
6 号住宅	27F/B3F	剪力墙	平板筏基	27.60m	−12.50m	−14.30m	−11.18m
7 号住宅	27F/B3F	剪力墙		27.60m	−12.50m	−14.30m	−11.18m
2 号地下车库	0/B2F	框架结构	独立柱基筏板基础	27.60m	−12.50m	−13.05～−12.55m	−12.01m

1.2　地层岩性及分布特征

根据现场勘察及室内土工试验成果，将本次勘探深度范围内（最深 50.00m）的地层，按其成因年代划分为人工堆积层及第四纪沉积层两大类，并按地层岩性及其物理力学数据指标划分为 9 个大层及亚层，现分述如下。

表层为人工堆积之厚度 0.40～5.60m 的房渣土、碎石填土①层，黏质粉土素填土、粉质黏土素填土①₁ 层。

人工堆积层以下为第四纪沉积之黏质粉土、砂质粉土②层，粉质黏土、重粉质黏土②₁层，黏质粉土、砂质粉土②₂层；粉质黏土、重粉质黏土③层，黏质粉土、砂质粉土③₁层及粉砂③₂层；细砂、中砂④层，粉砂、细砂④₁层及黏质粉土、粉质黏土④₂层；粉质黏土、黏质粉土⑤层，重粉质黏土、黏土⑤₁层，黏质粉土、砂质粉土⑤₂层及细砂⑤₃层；细砂、中砂⑥层，粉质黏土、重粉质黏土⑥₁层，圆砾⑥₂层，砂质粉土⑥₃层；粉质黏土、黏质粉土⑦层，有机质黏土、有机质重粉质黏土⑦₁层、细砂、中砂⑦₂层及黏质粉土、砂质粉土⑦₃层；细砂、中砂⑧层及黏质粉土、粉质黏土⑧₁层；黏质粉土、粉质黏土⑨层及重粉质黏土、黏土⑨₁层。

1.3 水文地质条件

1.3.1 勘探期间实测地下水位

勘探期间（2012年2月及8月）于钻孔内实测到3层地下水，各层地下水水位情况及类型参见表2所列。

地下水水位量测情况一览表　　　　　　　　　　表2

序号	地下水类型	地下水位	
		埋深（m）	标高（m）
第1层	层间水	10.20~13.60	14.14~16.55
第2层	潜水~承压水	17.40~19.00	7.83~9.75
第3层	承压水（测压水头）	25.40~28.10	−1.19~1.90

根据场区地层及区域地下水位长期监测资料分析，工程场区埋深6m内的粉土层具有赋存台地潜水的条件。受场区环境条件、勘探季节等因素影响，本次勘探钻孔内未测到该层地下水。

1.3.2 地下水位动态变化规律

工程场区台地潜水天然动态类型属渗入－蒸发、径流型，主要接受大气降水入渗及管道渗漏等方式补给，以蒸发及地下水侧向径流为主要排泄方式，其水位年动态变化规律一般为：6~9月水位较高，其他月份水位相对较低，其水位年变幅一般为4~5m。工程场区层间水天然动态类型属渗入－径流型，主要接受地下水侧向径流方式补给，以地下水侧向径流及越流为主要排泄方式，其水位年变幅一般为1m左右。

工程场区承压水（第1层承压水受区域地下水位下降影响，局部显潜水特征）天然动态类型属渗入－径流型，主要接受地下水侧向径流及越流等方式补给，以地下水侧向径流及人工开采为主要排泄方式，其水位年动态变化规律一般为：11月到次年3月水位较高，其他月份水位相对较低，其水位年变幅一般为3~4m。

历史高水位调查：

拟建场区1955年以来最高地下水位接近自然地面；近3~5年最高地下水位标高为25.00m左右。

拟建场地地层及地下水情况如图1所示。

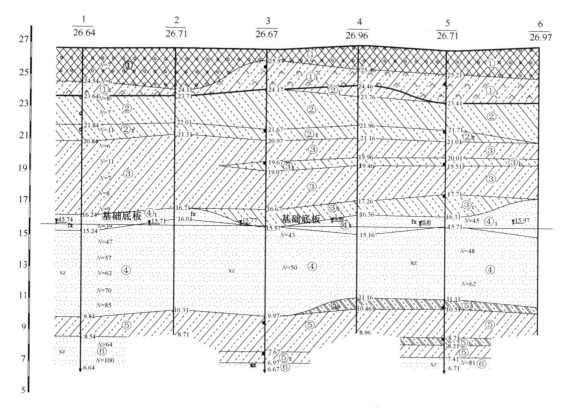

图 1 拟建场地地层及地下水情况图

2 方案选择

据现场实测(2013年6月4日)地下水位埋深为-12.50m(绝对标高15.1m),现场基坑大部分基底标高为-11.8～12.01m,均高于地下水位约0.40m以上,而2号地下车库集水坑及电梯井基底标高为-13.05～-12.55m,6号、7号电梯井及集水坑基底标高为-14.30m,在地下水位以下1m左右,因此局部必须采取降水和止水措施才能确保下步工序正常施工。

根据勘察报告,基底以下为细中砂④层,细中砂④层以下为相对隔水层粉质黏土、黏质粉土⑤层。由于当时土方已挖至基底标高以上约1.0m,地下水易造成流砂,降水井成孔可能造成地面塌陷,扰动地基土,尤其在基坑系统附近进行降水井施工,成井过程对护坡桩和土钉墙支护系统将造成威胁,风险过大,后果严重,因此基坑支护系统附近不宜选取降水方案。经与其他方案对比,为确保基坑安全和降水效果,最终选取高压旋喷桩止水帷幕止水方案。在止水帷幕完成后,为尽快满足土方开挖条件,拟在集水坑、电梯井中部设一口管井,疏干止水帷幕内残余水。管井深度6.0m,管井开孔600mm,孔内设400mm无砂滤管,壁厚50mm,无砂滤管周围填充滤料。管井成井后进行抽水作业。集水坑、电梯井土方完成后采用级配砂石将管井回填。

根据现场实际情况和集水坑、电梯井深度及位置,计划在6号、7号住宅楼集水坑和2号车库北侧靠近护坡桩位置的集水坑及比较深的电梯井采取高压旋喷桩止水帷幕方案。其他距离护坡桩较远的集水坑采取降水井方案,如图2所示。

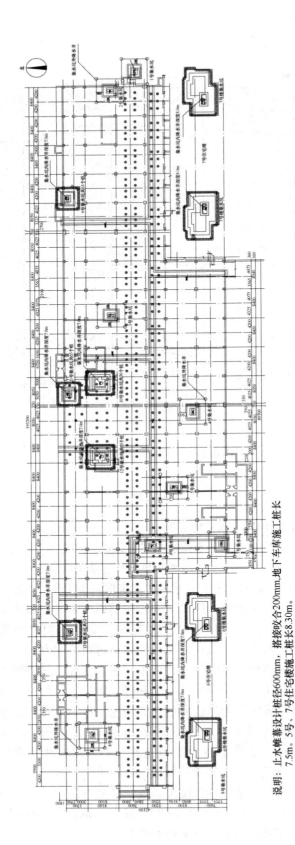

图 2　2 号地下车库及住宅楼降水、止水帷幕平面布置图

说明：止水帷幕设计桩径600mm，搭接咬合200mm，地下车库施工桩长7.5m。5号、7号住宅楼施工桩长8.30m。

3 止水帷幕设计

3.1 高压旋喷桩止水帷幕简介

止水帷幕是工程主体外围止水系列的总称。其用于阻止或减少基坑侧壁及基坑底地下水流入基坑而采取的连续止水体。常见的止水帷幕有高压旋喷桩止水帷幕和深层搅拌桩止水帷幕。

旋喷桩兴起于20世纪70年代的高压喷射注浆法，八九十年代在全国得到全面发展和应用。实践证明此法对处理淤泥、淤泥质土、黏性土、粉土、砂土、人工填土、碎石土及防渗等有良好的效果。高压旋喷桩施工技术是利用钻机，把带有特殊喷嘴的注浆管钻进至土层的预定位置后，用高压脉冲泵，将水泥浆液通过钻杆下端的喷射装置，向四周以高速水平喷入土体，借助流体的冲击力切削土层，使喷流射程内土体遭受破坏，将土体与水泥浆充分搅拌混合，胶结硬化后即在地基中形成直径比较均匀、具有一定强度（0.5～8.0MPa）的圆柱体，达到加固地基和防渗的目的。

高压旋喷桩止水帷幕拟设置在集水坑或电梯井开挖线外约1.0m左右，止水帷幕进入粉质黏土、黏质粉土⑤层约1.0m，如图3所示。

高压旋喷桩止水帷幕设计：止水帷幕设计桩径600mm，搭接咬合200mm，根据相对隔水层埋深情况，2号地下车库设计施工桩长7.5m。6号、7号住宅楼设计施工桩长8.30m。以高压旋喷桩止

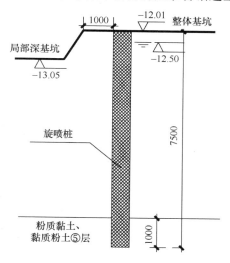

图 3 典型桩位剖面图

水帷幕桩底进入粉质黏土、黏质粉土⑤层约1.0m为准，形成闭合止水帷幕体系，如图4所示。

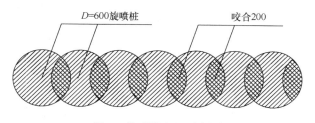

图 4 旋喷桩布置示意图

采用喷射注浆，注浆压力20MPa，水灰比为1.0～1.2，由于细中砂④层比较密实，钻进困难时采取引孔钻机解决。

3.2 工艺特点

（1）施工机具设备简单，施工简便。

59

（2）具有较好的耐久性，且料源广阔，价格低廉。

（3）噪声小，无污染。

（4）高压喷射流切割破坏土体作用。喷射流动压以脉冲形式冲击破坏土体，使土体出现空穴，土体裂隙扩张。

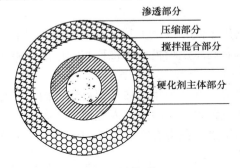

图 5　旋喷桩体固结情况图

（5）混合搅拌作用。钻杆在旋转提升过程中，在射流后部形成空隙，在喷射压力下，迫使土粒向着与喷嘴移动方向相反的方向（即阻力小的方向）移动，与浆液搅拌混合形成新的结构。

（6）充填、渗透固结作用。高压水泥浆迅速充填冲开的沟槽和土粒的空隙，析水固结，还可渗入砂层一定厚度而形成固结体。

（7）压密作用。高压喷射流在切割破碎土层过程中，在破碎部位边缘还有剩余压力，并对土层可产生一定压密作用，使旋喷桩桩体边缘部分的抗压强度高于中心部分。旋喷桩固结体情况如图 5 所示。

3.3　工艺原理

高压旋喷桩是利用钻机把带有喷嘴的注浆管钻进土层的预定位置后，用高压设备使浆液以 20MPa 的高压射流从喷嘴中喷射出来，冲切、扰动、破坏土体，同时钻杆以一定速度逐渐提升，将浆液与土粒强制搅拌混合，浆液凝固后，在土中形成一个圆柱状固结体（即旋喷桩），以达到加固地基或止水防渗的目的。

根据喷射方法的不同，喷射注浆可分为单管法、二重管法和三重管法。

本工程拟采取单管法，单层喷射管，仅喷射水泥浆。

单管旋喷桩机注浆施工示意如图 6 所示。

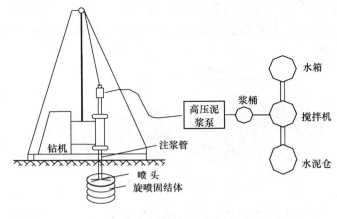

图 6　单管旋喷注浆示意图

3.4　工艺流程

高压旋喷桩施工工艺流程如图 7 所示。

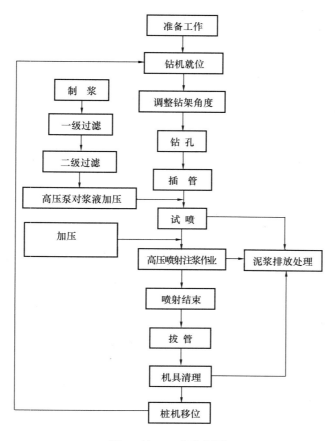

图 7 施工工艺流程图

4 操作要点

4.1 施工前准备

（1）在设计文件提供的各种技术资料的基础上做补充工程地质勘探，进一步了解各施工工点地基土的性质、埋藏条件。

（2）准备充足的水泥加固料和水。水泥的品种、规格、出厂时间经试验室检验符合国家规范及设计要求，并有质量合格证。严禁使用过期、受潮、结板、变质的加固料。一般水泥为42.5级普通水泥。水为自来水。

（3）试桩试验。根据试验确定的施工喷浆量、水灰比制备水泥浆液在试验点打1～2根试桩，并根据试桩结果，调整加固料的喷浆量，确定搅拌桩搅拌机提升速度、搅拌轴回转速度、喷入压力、停浆面等施工工艺参数。

（4）施工前先进行场地平整。

（5）按照设计图纸进行桩位放线，止水桩桩位放线依据设计图纸及测绘院放定桩位坐标，用木桩定出桩位，用白石灰做出明显标识。经复核及监理工程师检验合格后，方可进行钻孔。做好桩位控制线图，记录控制线与桩位之间的距离，以便及时恢复桩位，进行检验。施工时，注意对控制线的保护。

4.2 施工工艺

钻机就位→钻孔→旋喷机就位→插管→制备水泥浆→高压旋喷注浆→拔管→机具冲洗→桩机移位。

（1）钻机就位：移动钻机到指定桩位，将钻机安放在设计孔位上，要求平稳、竖直，垂直误差小于1.5%。

（2）钻孔：采用地质钻机进行预钻孔，钻孔过程中应详细测量并记录实际孔位、孔深及地层变化情况。在钻进过程中，不可进入太快，由于采取泥浆护壁，因此，要给一定的护壁时间。预钻孔钻至设计深度，要求钻孔位置与设计孔位偏差小于50mm。

（3）旋喷机就位：预钻孔完成后，进行提钻移机，旋喷桩机就位，要求桩机安放平稳，钻杆保持垂直，其倾斜度不大于1.5%。

（4）插管：将旋喷管垂直插入到预定深度；插管过程中，为防止泥砂堵塞喷嘴，可采取边射水边插管的办法，但要控制水压力小于1MPa，以防孔壁坍塌。

（5）制备水泥浆：桩机移位时，即开始按设计确定的配合比拌制水泥浆。根据现场试验桩实际水泥用量及现场搅浆设备的容量，确定水泥和水的放入量，并派专人监督、检查，确保水灰比。首先将水加入桶中，再将水泥和外掺剂倒入，开动搅拌机搅拌10～20min，搅拌浆液必须在各种机具设备试运转正常后进行，并防止浆液沉淀。而后拧开搅拌桶底部阀门，放入筛网（孔径为0.8mm），过滤后流入浆液池，待压浆时备用。

（6）高压旋喷注浆：

1）施工前检查注浆设备和管路系统，并进行调试，压力和排量必须满足设计要求，管路系统的密封圈必须良好，各通道和喷嘴内不得有杂物；吸浆软管必须采用铠装橡胶管，高压泵与钻杆间由耐高压软管连接。接头使用高压卡口接头，并有密封圈压紧。

2）将注浆管插入预定深度，先用清水试压，待情况正常后，开始注浆。

3）喷射注浆时设备开动顺序：先空载启动高压泵，并同时向孔内送水，使泵压逐渐升高至规定值。待畅通后，开始注浆。待水泥浆的前峰已流出喷头并在孔口返浆后，再开始提升注浆管，自下而上喷射注浆。

4）旋喷开始时，旋转提升旋喷管，自下而上连续进行喷浆。注浆过程中必须时刻注意检查注浆压力、旋转和提升速度等参数是否符合要求，并且做好记录。

5）喷射注浆中需拆卸注浆管时，应先停止提升、回转和送浆，然后逐渐减少水量，最后停机。拆卸完毕继续喷射注浆时，开机顺序也要遵守前面的规定，同时，旋喷管分段提升的搭接长度不小于0.2m，以防旋喷体脱节。

6）喷射注浆结束后，对旋喷体顶部浆液析水收缩出现的凹穴，应及时用水泥浆补灌。现场高压旋喷桩施工情况如图8所示。

（7）拔管：喷射注浆达到设计深度后，继续用注浆泵注浆，待浆液达到设计要求的超灌量后，即可停止注浆，然后将注浆泵的吸水管移至清水箱，抽吸一定量的清水将注浆泵和注浆管路中的浆液顶出，然后停泵，拔管要迅速，不可久留孔中。

（8）机具冲洗：卸下注浆管后，向浆液罐中注入适量清水，开启高压泵，清洗全部管

图 8　现场高压旋喷桩施工

路中残存的水泥浆，直至基本干净。并将粘附在喷浆管头上的土清洗干净。注浆泵、送浆管路和浆液搅拌机等都要用清水清洗干净。

（9）桩机移位：移动桩机进行下一根桩的施工。

4.3　主要施工技术参数

（1）浆液压力 20MPa，浆液相对密度 1.30～1.49，旋喷速度 20r/min，提升速度 0.2～0.25m/min，喷嘴 2 个，喷嘴直径 2～3mm，浆液流量 80～100L/min。注浆管外径 45mm。

（2）水泥用量为每米 150～175kg，水灰比为 1.0～1.2。

（3）高压旋喷桩止水帷幕设计桩径 600mm，搭接咬合 200mm。

（4）高压旋喷桩止水帷幕设计桩长（以止水帷幕桩底进入粉质黏土、黏质粉土⑤层约 1.0m）：

2 号地下车库施工桩长 7.5m（施工场地标高按−11.50m 计算）。

6 号、7 号住宅楼施工桩长 8.30m（施工场地标高按−10.85m 计算）。

5　质量控制要点

（1）正式开工前应认真做好试桩工作，确定合理的施工技术参数和浆液配合比。

（2）旋喷过程中，冒浆量小于注浆量的 20% 为正常现象，若超过 20% 或完全不冒浆时，应查明原因，调整旋喷参数或改变喷嘴直径。

（3）钻杆旋转和提升必须连续不中断，拆卸接长钻杆或继续旋喷时要保持钻杆有 10～20cm 的搭接长度，避免出现断桩。

（4）在旋喷过程中，如因机械出现故障中断旋喷，应重新钻至桩底设计标高后，重新旋喷。

（5）制作浆液时，水灰比要按设计严格控制，不得随意改变。在旋喷过程中，应防止泥浆沉淀，浓度降低。不得使用受潮或过期的水泥。浆液搅拌完毕后送至吸浆桶时，应有筛网进行过滤，过滤筛孔要小于喷嘴直径1/2为宜。

（6）在旋喷过程中，若遇到孤石或大漂石，桩可适当移动位置（根据受力情况，必要时可加桩），避免畸形桩或断桩。

（7）旋喷过程中，应按要求做好施工记录。

6 结语

（1）在该项施工中最主要的是注意控制高压旋喷桩的搭接效果（主要是桩间距和桩垂直度控制）和桩底是否按要求达到要求的桩长。

（2）当旋喷管提升接近桩顶时，桩头部分需要进行处理，应从桩顶以下 1.0m 开始，慢速提升旋喷，旋喷数秒，再向上慢速提升 0.5m，直至桩顶浆面。

（3）在高压旋喷桩止水帷幕施工过程中，通过现场开挖实际情况，未发现大面积渗水、漏水、涌水及流砂现象，高压旋喷桩止水帷幕均达到设计及施工止水要求。

（4）由于工期紧，工程重要性程度高，在进行高压旋喷桩止水帷幕设计和施工中，遵循技术可行，安全可靠，经济合理的原则，因地制宜地采用此种高压旋喷桩止水帷幕，既满足了基坑开挖施工的需要，又保证了周边环境安全，也节省了投资，取得了很好的技术经济效果。

（5）此次高压旋喷桩止水帷幕施工，成功解决了复杂环境下不便直接降水的难题，为今后大面积基坑止水帷幕施工积累经验，并提供参考资料。

参考文献

[1] 中国建筑科学研究院．JGJ 120—2012 建筑基坑支护技术规程［S］．北京：中国建筑工业出版社，2012.
[2] 中国建筑科学研究院．JGJ 79—2012 建筑地基处理技术规范［S］．北京：中国建筑工业出版社，2012.

运用扣件式钢管托撑支设梁板模架的分析计算

田大平[1]   邓玉萍[2]

(1. 北京燕化天钲建筑工程有限责任公司；

2. 中铁建设集团有限公司北京分公司)

【摘　要】 扣件式钢管模板支撑体系因其平面布置灵活，材料来源广泛，施工操作方便，普遍运用于当前梁板模架施工。实际施工中容易出现使用扣件传力，存在偏心荷载，不利于梁板模架稳定；梁板交接部位杆件布置不合理，造成模架传力系统混乱；立杆自由端长度超标，影响模架整体稳定等诸多问题。本文主要针对扣件式钢管模板支撑体系的传力模式进行了对比、分析，运用可调托撑传力，更利于模板支撑体系稳定。模架设计时，应首先确定梁板主次楞及立杆的布置方式，建立起稳定的结构模型，保证受力合理，杜绝传力系统混乱。计算时应运用概念设计的方法，既重视数值的分析计算，更要重视构造要求和技术措施的选择和落实。

【关键词】 扣件式；模板支架；可调托撑；荷载；传力

扣件式钢管模板支架因其搭设平面布置灵活、材料来源广泛、易形成纵横通道等特点，在建筑施工中应用较为普遍，尤其在梁板结构现浇混凝土施工过程应用广泛。浇筑混凝土过程中，为了防止模板变形移动，支架的作用十分重要，架体的不稳定、不牢靠，不但影响工程质量，甚至会发生模板垮塌安全事故。国家建设主管部门对模板支架安全问题日益重视，相继出台了《危险性较大的分部分项工程安全管理办法》建质〔2009〕87号、《建设工程高大模板支撑系统施工安全监督管理导则》建质〔2009〕254号文件，进一步规范了模架工程安全管理。

扣件式钢管模板支架与一般结构相比，有所受荷载变异大，初始缺陷多，受力工况差，影响支架结构整体稳定和局部稳定的不确定因素多等工作特性，同时也存在着扣件质量隐患多，受人为因素影响大，随意支设造成传力系统混乱等诸多问题。到目前为止，对相关问题的研究缺乏系统积累和统计资料，不具备独立进行概率分析的条件，虽然规范和相关计算手册里提出了一些具体的计算公式和方法，但从总体上看还是很简略的。

通过扣件式钢管模板支架运用扣件传力、可调托撑传力的两种传力模式进行分析、对比，运用可调托撑传力更利于梁板模架的结构稳定。梁、板主楞布置应独立受力，避免传力系统混乱；梁底单独设置立杆，避免梁的荷载传递到板立杆。通过建立起稳定的结构模型，在符合构造要求的基础上，再依据相关规范要求进行参数设计、受力计算，可保证梁板模架的稳定、安全。

1 工作特性

扣件式钢管模板支架存在所受荷载变异大，初始缺陷多，受力工况差，影响支架结构整体稳定和局部稳定的不确定因素多等工作特性。在材料进场时，应重视材料进场验收，不符合规范要求的，应一律退场；在进行模架设计时，应重视构造要求和技术措施的选择和落实。

1.1 所受荷载变异性较大

在混凝土浇筑前，应制定浇筑顺序，对称施加荷载，避免受力不均，造成模架失稳；在浇筑混凝土时，应采取串筒等技术措施，减轻冲击荷载。

1.2 构件存在初始缺陷

模板支架的主要材料存在着钢管管壁过薄、可调托撑螺杆过细，以及扣件存在缩松、砂眼、硫磷含量高、缺斤短两等质量缺陷。质量差的扣件一旦受到破坏，就将引起连锁破坏，从而造成垮塌。扣件和可调托撑凡缺陷明显、铸造铭牌缺少不清的，应一律退场。

1.3 受力工况差

管壁太薄的钢管，在纯轴向力的作用下破坏可能不太明显，但在剪力作用下则极易发生破坏。可调托撑螺杆过细，则会使压杆出现初始偏心距，直接导致按压杆设计的立杆变成压弯杆件而不堪一击。钢管必须按实际壁厚，在加强侧向约束的前提下进行设计计算。可采取竖向剪刀撑和水平剪刀撑的构造措施，加强架体的侧向约束，使架体成为空间不变体系。并加强架体的外部侧向约束，即做好对架体邻近的结构连接（如抱柱、夹墙、两个方向顶墙等），这种方法简单、易行、效果极佳。对于一些相对独立的模板支架，也可以采取加设外部斜撑等方法来实现。

1.4 影响架体稳定的不确定因素多

模板支架搭设过程中容易出现基础不坚实、杆件间距过大、缺少构造杆件、立杆不垂直、扣件扭力矩不足等现象。杆件间距是建立稳定设计模型的首要依据，这是以构造措施来确定的，上述任何一个现象都可以颠覆稳定设计，从而造成事故发生。模板支架搭设需要操作人员的技术保障，操作人员必须具有一定的力学常识和空间构造知识。模板支架支搭过程又属于无可靠立足点的高处作业，作业过程本身也较危险。因此，应使用专业化的作业队伍进行模板支架搭设作业。

2 传力模式及受力分析

扣件式钢管模板支架一般有扣件传力、可调托撑传力两种传力模式，下面针对这两种传力模式进行分析、对比。

2.1 扣件传力模式

2.1.1 传力路径

荷载→面板→木方→横向水平杆→纵向水平杆→扣件→立杆→基础。

2.1.2 受力特点

通过扣件抗滑传力，立杆承受偏心荷载。

2.2 可调托撑传力模式

2.2.1 传力路径

荷载→面板→次楞→主楞→可调托撑→立杆→基础。

2.2.2 受力特点

通过可调托撑传力，立杆轴心受压。

2.3 受力分析

（1）两种传力模式都是可行的，但第一种是由扣件抗滑力决定承载力；而第二种是由模板支架的稳定承载力决定。

（2）模板通过木方直接搁置在模板支架顶部的水平钢管上，其荷载通过水平杆与立杆的直角扣件传递至立杆，为偏心传力，实际偏心距为53mm左右[1]。

（3）在模板支架的立杆顶端插入可调托座，模板上的荷载通过可调托撑直接传递给立杆，为轴心传力。

（4）通过分析、对比，轴心传力更有利于模板支架立杆的稳定性，应采用可调托撑进行传力。

3 主次楞及立杆布置

主次楞及立杆作为模板支撑体系中的主要受力构件，其布置方式对整个模板支撑体系的稳定起着决定性的作用。在进行模板支撑体系设计时，应考虑顶板、梁板交接部位的主次楞布置及梁底立杆的布置方式，建立起稳定的结构模型，保证受力合理。

3.1 顶板主次楞布置

在模板支撑体系中，顶板占据支撑体系的最主要部分，其主次楞布置方式直接影响立杆布置及整体结构稳定。实际施工中，往往存在主次楞随意布置的情况，方案未考虑主次楞布置原则，或现场施工中，操作工人随意布置。

通过荷载传递路径进行分析，荷载通过面板传递至次楞，次楞再传递至主楞。为保证主楞受力最小，则要求主楞跨度最小，主楞应平行于顶板短跨布置，次楞应平行于顶板长跨布置，可保证主楞结构稳定，节省工程造价。

3.2 梁板交接部位主次楞布置

梁板交接部位的主次楞布置是模板支撑体系的另一个重要节点。实际施工中，容易出现梁板传力系统混乱的情况，如梁底主楞同时作为梁底的传力杆件和构造杆件，将梁的荷载传递到梁两侧板的立杆上，造成整个架体的失稳。

其具体布置方式如图 1 所示。

为避免传力系统混乱，在模板支撑体系设计过程中，应明确各个构件的传力顺序，顶板与梁支撑体系的荷载传递应独立，避免交叉受力。可在梁底垂直梁跨方向单独设置木方作为主楞，平行于梁跨方向设置次楞。

其具体布置方式如图 2 所示。

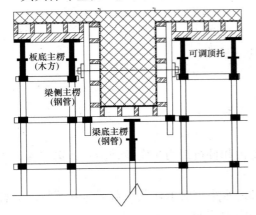

图 1 梁底主楞同时作为传力杆件及构造杆件

图 2 梁底主次楞布置图

3.3 梁底立杆布置

结构梁下模板支架的立杆纵距应沿梁轴线方向布置；立杆横距应以梁底中心线为中心向两侧对称布置，且最外侧立杆距梁侧边距离不得大于 150mm[2]。梁底主楞下不大于400mm 处应设置水平杆进行构造连接，保证可调托撑伸出顶层水平杆的悬臂长度满足规范要求。水平杆应伸入梁两侧板的模板支架内不少于两根立杆，并与立杆扣接[2]。

对于小截面梁，梁截面宽度小于立杆横距时其具体布置方式如图 3 所示。

对于大截面梁，梁截面宽度大于立杆横距时其具体布置方式如图 4 所示。

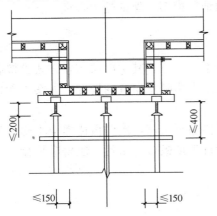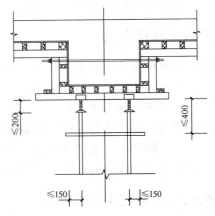

图 3 梁截面宽度小于立杆横距时立杆布置图 图 4 梁截面宽度大于立杆横距时立杆布置图

4 设计计算

4.1 参数设计

4.1.1 模板系统设计

结合工程经验，初步确定面板类型、面板厚度，次楞截面尺寸、间距，主楞截面尺寸。一般情况下，面板可选用12～18mm厚胶合板，次楞选用50mm×100mm～100mm×100mm木方，间距200mm，主楞根据立杆间距不同，可选择100mm×100mm～160mm×160mm木方。

计算时，应考虑材料实际尺寸偏差，进行折减，例如钢管Φ48.3×3.6mm，按Φ48×3.0mm进行计算；木方50mm×100mm，按38mm×88mm进行计算；木方100mm×100mm，按88mm×88mm进行计算。如结果无法满足，或较为接近相关材料强度设计值，则应调整相关参数，重新进行验算，确保计算结果安全。

4.1.2 支架系统设计

根据板厚、梁高、搭设高度等参数，参照表1、表2[2]，初步确定板底、梁底立杆纵横间距、步距。

混凝土板类构件扣件式钢管模板支架参数选用表 表1

搭设高度（m） / 板厚（mm）		180以下	181～300	301～600	601～900	901～1200	1201～1500
4以下	立杆纵横向间距（mm）	1500	1200	1000	900	900	600
	立杆步距（mm）	1500	1500	1200	1200	900	900
4～10	立杆纵横向间距（mm）	1500	1000	900	900	600	600
	立杆步距（mm）	1200	1200	1200	900	900	900
10～20	立杆纵横向间距（mm）	1200	900	900	600	600	600
	立杆步距（mm）	1200	1200	900	900	900	900
20～30	立杆纵横向间距（mm）	900	900	900	—	—	—
	立杆步距（mm）	1200	900	900			

混凝土梁类构件扣件式钢管模板支架参数选用表 表2

搭设高度 / 梁高（mm）		180～300	301～600	601～900	901～1500	1501～2400	2401～3000
4m以下	立杆纵向间距（mm）	1200	1200	900	900	600	600
	立杆横向间距（mm）	900	900	600	300	300	300
	立杆步距（mm）	1200	1200	1200	900	900	900
4～10m	立杆纵向间距（mm）	1200	900	900	900	600	600
	立杆横向间距（mm）	900	900	600	300	300	300
	立杆步距（mm）	900	900	900	900	600	600

搭设高度	梁高（mm）	180～300	301～600	601～900	901～1500	1501～2400	2401～3000
10～20m	立杆纵向间距（mm）	1200	900	900	900	600	600
	立杆横向间距（mm）	900	900	600	300	300	300
	立杆步距（mm）	900	900	900	600	600	600
20～30m	立杆纵向间距（mm）	900	900	900	600	600	600
	立杆横向间距（mm）	900	900	600	300	300	300
	立杆步距（mm）	600	600	600	600	600	600

4.1.3 模架平、立面布置

可依据选用的梁、板立杆纵横间距，先进行梁底立杆平面布置，再依据梁、板立杆纵横向间距应相等或成倍数的原则[3]，进行板底立杆平面布置。

平面布置完毕后，进行立面布置，可依据选用的梁、板立杆步距，先进行梁底纵横向水平杆立面布置，再进行板底纵横向水平杆立面布置。一般情况下，梁底立杆步距要小于板底立杆步距，如偏差不大，可调整板底立杆步距与梁底立杆步距一致；如遇大截面梁，可调整板底立杆步距为梁底立杆步距的两倍。

4.2 荷载计算

4.2.1 荷载分类

（1）模板支架承受的荷载分为永久荷载和可变荷载。

（2）永久荷载包括：模板及支架自重（G_1）、新浇筑混凝土自重（G_2）、钢筋自重（G_3）及新浇筑混凝土对模板的侧压力（G_4）等。

（3）可变荷载包括：施工人员及施工设备产生的荷载（Q_1）、混凝土下料产生的水平荷载（Q_2）、泵送混凝土或不均匀堆载等因素产生的附加水平荷载（Q_3）及风荷载（Q_4）等。

（4）各项荷载的标准值可按《混凝土结构工程施工规范》（GB 50666—2011）附录A确定。

4.2.2 荷载组合

（1）荷载组合内容

参与荷载组合内容见表3所列[4]，表中的"＋"仅表示各项荷载参与组合，而不表示代数相加。

荷载组合内容 表3

计算内容		参与组合的荷载类别	
		计算承载力	验算挠度
模板	底面模板	$G_1+G_2+G_3+Q_1$	$G_1+G_2+G_3$
	侧面模板	G_4+Q_2	G_4
支架	支架水平杆及节点	$G_1+G_2+G_3+Q_1$	$G_1+G_2+G_3$
	立杆	$G_1+G_2+G_3+Q_1+Q_4$	$G_1+G_2+G_3$
	支架结构的整体稳定	$G_1+G_2+G_3+Q_1+Q_3$ $G_1+G_2+G_3+Q_1+Q_4$	

（2）荷载组合系数

永久荷载组合系数一般取 1.35，并乘以模板及支架的类型系数，对侧面模板取 0.9，对底面模板及支架取 1.0。

可变荷载组合系数一般取 1.4，并乘以可变荷载的组合值系数，宜取 ≥0.9。

进行承载力计算时，应采用荷载设计值；进行挠度计算时，应采用荷载标准值。

4.3 水平构件计算

面板、次楞、主楞（统称为模板支架水平构件）作为支撑体系中的受力构件，应对其进行抗弯、抗剪、挠度计算。计算面板、次楞、主楞的内力和挠度时，宜按三跨连续梁计算[1]。三跨连续梁计算公式及系数可依据《建筑施工模板安全技术规范》（JGJ 162—2008）附录 C 进行选取。

4.3.1 抗弯计算

$$\sigma = M/W \leqslant f_{\mathrm{m}}$$

式中　M——弯矩设计值（N·mm）；

　　　W——截面模量（mm³）；

　　　f_{m}——抗弯强度设计值（N/mm²），根据构件材料确定。

4.3.2 抗剪计算

$$\tau = 3Q/2bh \leqslant f_{\mathrm{v}}$$

式中　Q——剪力设计值（N）；

　　　b——构件宽度（mm）；

　　　h——构件高度（mm）；

　　　f_{v}——抗剪强度设计值（N/mm²），根据构件材料确定。

4.3.3 挠度计算

$$v \leqslant [v]$$

式中　v——按永久荷载标准值计算的构件挠度（mm）；

　　　$[v]$——容许挠度，根据规范要求确定。

4.4 立杆计算

立杆作为受压构件，一般需进行轴心受压构件的强度计算、稳定性计算。但模板支架的承载能力是由稳定条件控制的，故只需进行稳定性计算及地基承载力计算即可。

4.4.1 稳定性计算

立杆稳定性计算应按不组合风荷载时、组合风荷载时分别进行计算。

（1）不组合风荷载时

$$N/\phi A \leqslant f$$

（2）组合风荷载时

$$N/\phi A + M_{\mathrm{w}}/W \leqslant f$$

式中　N——计算立杆段的轴向力设计值（N）；

　　　ϕ——轴线受压构件的稳定系数，应根据长细比 λ 由《建筑施工扣件式钢管脚手架安全技术规范》（JGJ 130—2011）附录 A 表 A.0.6 取值；

λ——长细比，$\lambda = l_0/i$；

l_0——计算长度（mm），应按《建筑施工扣件式钢管脚手架安全技术规范》（JGJ 130—2011）5.4.6条进行计算；

i——截面回转半径（mm），应按《建筑施工扣件式钢管脚手架安全技术规范》（JGJ 130—2011）附录B表B.0.1采用；

A——立杆的截面面积（mm^2），应按《建筑施工扣件式钢管脚手架安全技术规范》（JGJ 130—2011）附录B表B.0.1采用；

M_w——计算立杆段由风荷载设计值产生的弯矩（N·mm），应按《建筑施工扣件式钢管脚手架安全技术规范》（JGJ 130—2011）5.2.9条进行计算；

f——钢材的抗压强度设计值（N/mm^2），应按《建筑施工扣件式钢管脚手架安全技术规范》（JGJ 130—2011）表5.1.6采用。

4.4.2 地基承载力计算

$$P_k = N_k/A \leqslant f_g$$

式中　P_k——立杆基础底面处的平均压力标准值（kPa）；

N_k——上部结构传至立杆基础顶面的轴向力标准值（kN）；

A——基础底面面积（m^2）；

f_g——地基承载力特征值（kPa），当为天然地基时，应按地质勘察报告选用；当为回填土地基时，应对地质勘察报告提供的回填土地基承载力特征值乘以折减系数0.4；当无地质勘察报告时，可由载荷试验或工程经验确定。

对搭设在楼面等建筑结构上的模板支架，应对支撑架体的建筑结构进行承载力验算，当不能满足承载力要求时，可通过增加临时支顶的方式将荷载部分传递给地基或基础底板。

4.5 支架抗倾覆验算

支架应按混凝土浇筑前和混凝土浇筑时两种工况进行抗倾覆验算。支架的抗倾覆验算应满足下式要求：

$$r_0 M_0 \leqslant M_r$$

式中　M_0——支架的倾覆力矩设计值，按荷载基本组合计算，其中永久荷载的分项系数取1.35，可变荷载的分项系数取1.4；

M_r——支架的抗倾覆力矩设计值，按荷载基本组合计算，其中永久荷载的分项系数取0.9，可变荷载的分项系数取0。

混凝土浇筑前，支架在搭设过程中，因为相应的稳固性措施未到位，在风力很大时可能会发生倾覆，倾覆力矩主要由风荷载产生；混凝土浇筑时，支架的倾覆力矩主要由泵送混凝土或不均匀堆载等因素产生的附加水平荷载产生，附加水平荷载以水平力的形式呈线荷载作用在支架顶部外边缘上。抗倾覆力矩主要由钢筋、混凝土和模板自重等永久荷载产生。

当支架结构与周边已浇筑混凝土具有一定强度的结构可靠拉结时，可以不验算整体稳定。对相对独立的支架，在其高度方向上与周边结构无法形成有效拉结的情况下，应计算整体稳定性，以保证支架架体的构造合理性，防止突发性的整体坍塌事故。

4.6 施工图设计

依据设计参数，经相关验算后，确认或调整相关参数，并结合规范构造要求，绘制如下施工图纸：

（1）支模区域立杆、纵横水平杆平面布置图。

（2）支撑系统立面图、剖面图。

（3）水平剪刀撑布置平面图及竖向剪刀撑布置投影图。

（4）梁板支模大样图。

（5）支撑体系监测平面布置图。

（6）连墙件布设位置及节点大样图等。

施工图应有尺寸标注，不能为示意图，否则不便于工人操作。

5 构造要求

模板支架体系的搭设，应在认真计算的基础上，严格根据施工图纸要求进行，还应按相应规范的构造要求落实，并应做到如下几点：

（1）模架支撑体系必须与脚手架、卸料平台等操作平台互相独立，不得产生联系。模架支撑体系应及时与已施工完毕的主体结构进行拉结。施工过程中严禁出现模板支撑体系传力于外脚手架的情况，避免传力体系混乱，产生失稳的安全问题。

（2）天然地基要牢固，支垫合理，排水顺畅；回填土地基要分层夯实，必要时应硬化。

（3）多层楼板连续支模时，上、下层支架的立杆中心线应对齐，保证同心传力；梁、板底立杆布置，其纵横向间距应相等或成倍数。

（4）立杆作为受力杆件，接长必须采用对接扣件连接，不得采用搭接。两个相邻立杆的接头不应设置在同一步距内。水平杆作为联系杆件，需双向设置，并应与立杆扣接。必须沿纵横方向设置扫地杆。

（5）可调托撑支托板厚度不应小于5mm，螺杆外径不应小于36mm，螺杆插入钢管的长度不应小于150mm，螺杆伸出钢管的长度不应大于200mm，可调托撑伸出顶层水平杆的悬臂长度不应大于400mm。

（6）模板支架外侧周圈应设由下至上的竖向连续式剪刀撑；支架宜设置中部纵向或横向的竖向剪刀撑，剪刀撑的间距不宜大于5m。在竖向剪刀撑部位的顶部、扫地杆处设置水平剪刀撑，剪刀撑间距不宜大于6m。

6 结束语

扣件式钢管模板支架的设计方法在实质上属于半概率、半经验的，满足相关构造要求是其进行设计计算的基本条件。由于扣件式钢管结构支架不确定的因素很多，很难用一个计算公式和几个参数来包含这些不确定的多变因素，所以不能完全依赖分析计算。应该运用概念设计的方法，既重视数值的分析计算，更要重视构造要求和技术措施的选择与落实。

（1）运用可调托撑传力，避免扣件传力。

扣件传力是由扣件抗滑力决定承载力，扣件质量及扣件拧紧力矩在实际施工中，难以保证，且受力为偏心受力，不利于模架整体稳定。运用可调托撑传力，荷载通过可调托撑直接传递至立杆，其受力为轴心受力，利于模架整体稳定。

（2）重视梁板交接部位杆件布置，杜绝传力系统混乱。

梁板交接部位容易出现梁底主楞同时作为传力杆件和构造杆件，或梁底未单独设置立杆，而通过扣件传力至梁侧立杆，造成传力系统混乱的情况。梁底应单独设置主楞，主楞底部设置可调托撑、立杆及水平构造杆件，保证传力系统明确，不交叉受力。

（3）限制立杆自由端长度，确保模架整体稳定。

建立空间整体稳定体系，是保证模板支架在浇筑混凝土过程中不发生变形破坏的关键。在横向力作用下，立杆自由端实际等于悬臂梁，是最薄弱的，应限制立杆自由端长度。规范明确要求可调托撑伸出顶层水平杆的悬臂长度不应大于400mm，施工中应加强检查，不符合要求的应立即整改。

（4）模架系统单独传力，严禁与脚手架、卸料平台等发生联系。

模架支设过程中，容易出现外脚手架、卸料平台等架体与模架系统拉结，或模架传力杆件传力于脚手架的情况。如任一架体失稳，将影响其他架体的安全、稳定。所有架体在支设过程中，都应单独与主体结构拉结，或采取设置钢丝绳、抛撑等技术措施。

参考文献

［1］ JGJ 130—2011 建筑施工扣件式钢管脚手架安全技术规范．北京：中国建筑工业出版社，2011.

［2］ DB 11/T 583—2008 钢管脚手架、模板支架安全选用技术规程．北京，2008.

［3］ 沈阳建筑大学等．JGJ 162—2008 建筑施工模板安全技术规范．北京：中国建筑工业出版社，2008.

［4］ GB 50666—2011 混凝土结构工程施工规范．北京：中国建筑工业出版社，2012.

滑升模板施工技术在信标塔工程中的应用

谢夫海　郭顺祥　汪学量　刘　兮　刘　健

（北京住总第六开发建设有限公司）

【摘　要】　本文通过北七家沙子营全向信标/测距仪台搬迁工程中的全向信标台滑模应用的施工实例，针对本工程的结构特点，着重介绍了信标塔滑模施工的技术控制要点。

【关键词】　滑模；施工技术控制要点

本公司所施工的北七家沙子营全向信标/测距仪台搬迁工程中的全向信标台主体结构是钢筋混凝土塔结构，塔高 70.000m。在结构施工中采用了滑模施工技术。经过科学组织，合理施工，全向信标台主体混凝土结构工程从 2013 年 7 月 6 日开始滑升到 2013 年 9 月 10 日结束，历时 67 天顺利完成。以下就本工程滑模施工技术控制要点作一总结。

1　工程概况

1.1　项目概况

（1）信标塔为钢筋混凝土塔，由塔座、塔身、塔楼组成。塔身为圆形中心筒结构，内有电梯井及楼梯间，中心筒内径为 7.2m，壁厚 450mm，内直行墙厚为 250mm（图 1、图 2）。

（2）中心筒及内墙采用滑模工艺施工，滑模高度从 +4.95～+58.7m。

1.2　主要施工难点及对策

（1）本工程滑模施工期间正逢雨期施工，在混凝土浇筑前要关注天气情况，合理安排施工时间；滑模每次提升高度减半，混凝土采用凝结较快的配合比。

（2）滑模施工期间正值夏季气温较高的时间段，由于施工速度的限制，混凝土的出模时间为 6h，则其强度增长将高于滑模施工要求的 0.2～0.4MPa 出模强度。为保证适宜的混凝土出模强度，对混凝土配合比进行试验室阶段、施工阶段两个阶段的模拟试验。通过试验室的试验，找出不同条件下混凝土强度发展规律。通过施工阶段的试验，对试验室的结果进行验证，并针对实际施工中的各种变化，对试验室结果及时进行调整。

（3）本工程进行滑模施工时涉及幕墙、脚手架、钢结构等多工种的交叉配合，组织要求高、协调难度大。项目部应成立相应协调机构，理顺协调程序，保证各工种的钢筋或连接件的预埋符合设计施工要求。

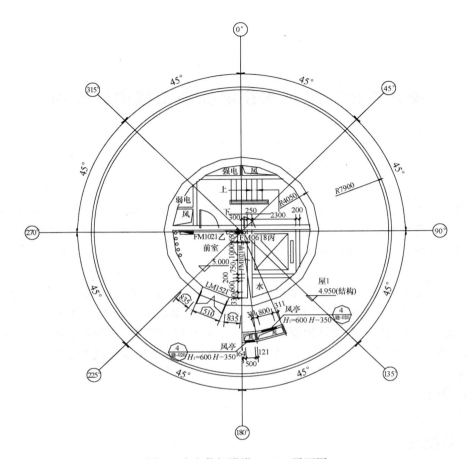

图 1   全向信标塔塔 4.95m 平面图

2   滑升模板系统主要施工装置的选择

2.1   液压提升系统

2.1.1   滑模"开"字架平面布置

提升架是滑模装置的主要承力构件。本工程采用的提升架为双横梁的"开"字形架。横梁由 10 号、12 号槽钢制作，立柱用槽钢、角钢、钢板焊接制成。提升架的两根立柱保持平行，并与横梁连接成 90°。

滑模开字架按塔身周圈每 30°均匀布置共计 12 付，内墙按间距 1.5m 布置"开"字架。

2.1.2   支承杆

支承杆是滑升模板滑升过程中千斤顶爬升的轨道，是整个系统的支承杆件，通过计算采用 Φ48×3.5mm 钢管（Q235）。

2.1.3   液压千斤顶

液压系统千斤顶使用 GYD60 滚珠式千斤顶，通过计算每榀提升架设置一台 GYD60

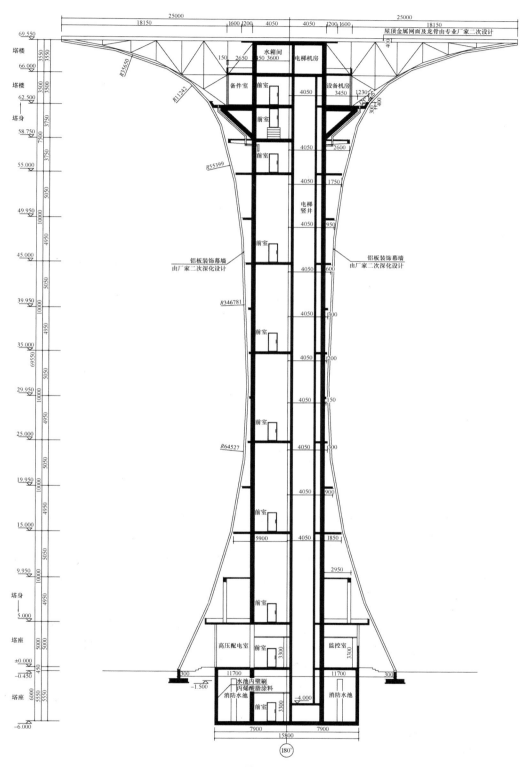

图 2　全向信标塔 1-1 剖面图

滚珠式千斤顶，一次行程为 35mm，额定顶推力 60kN。

2.1.4 输油管路

布置方式为并联油路上分别串联油路的混合油路；主油管采用内径为 19mm 的无缝钢管，分油管和支油管则采用内径为 12mm 的高压橡胶管；无缝钢管油路的接头采用卡套式管接头，高压橡胶管的接头外套将胶管与接头芯子连成一体，然后再用接头芯子与其他油管或部件连接。

2.2 模板系统

本工程模板采用新制的组合钢模板系统，具体尺寸为 200mm×1200mm、300mm×1200mm。

围圈又称围檩，用于固定模板，传递施工中产生的水平与垂直荷载和防止模板侧向变形。经过计算沿塔身内外壁截面周长设置，上、下各一道，采用 L75×8 角钢。

2.3 操作平台

本工程施工操作平台采用桁架平台系统。为了保证平台系统的稳定，其内环平台桁架端部与内围圈连接采用托架连接，托架采用焊接固定。

3 滑模施工工艺流程

3.1 工艺流程

施工准备→绑钢筋→组装模板→吊装活动平台→插支承杆→浇初升混凝土→初升后检查和调整→绑扎钢筋→正常滑升→拆除模板。

3.2 施工工序

基础及地下结构施工完成后，在＋4.95m 标高平台组装滑动模板、支承杆加固、液压油路等滑模设备及施工平台。

（1）滑模系统组装完成后，进行滑模系统调试及滑模试验；从＋4.95m 标高开始滑模，每滑升 5m，向上空滑高出板面 50mm 停止，拆除内外吊环、踏板、安全网等，进行楼板及楼梯结构施工。

（2）待完成每层塔身内结构施工后，组装内外吊环、踏板、安全网等恢复滑模系统继续进行滑模施工，滑至上层楼板向上空滑高出板面 50mm 后停止，以此类推。

（3）按照上述工序，从＋4.95mm 标高开始，滑升至＋58.70m 标高停止，滑模施工结束。并于＋57.000m 标高处，在电梯井内墙每隔 1m 设置预埋件，待滑模完成后搭建井内施工平台进行顶板施工。

4 滑模施工部署

（1）工期计划：根据滑模施工特点及施工图纸，本工程滑模施工从＋4.95m 开始滑升，每滑升 5m，向上空滑高出板面 50mm 后停止，拆除内外吊环、踏板、安全网等，进行楼板及楼梯结构施工，升至+58.7m 结束，总计共需 48 天。+58.7m 以上部分需配合钢结构施工，预期 1 个月时间完成。

（2）主要材料设备计划：本工程采用一套滑模模具进行滑模施工，滑模模具一次性进场。本工程垂直和水平运输设备的选型，应保证滑模施工每天滑升速度大于 3m。根据混凝土量和滑升速度要求情况，现场安装 1 台塔吊。混凝土采用商品混凝土，塔身滑模结构混凝土主要用利用塔吊吊装浇筑。现场应根据垂直度、水平度监测要求配备相应的测量仪器。

（3）劳动力要求：本工程滑模时每次滑升需要混凝土约 8m³，钢筋约 1.5t，劳动力应在滑模组装前组织到位，各工种施工人员分为两组，每班为 6h，每天每组交替分 4 班连续作业。同时本工程由多种专业、众多人员同一时间立体交叉施工，且施工节奏紧凑。除配备常规施工工种人员外，应配备现场总指挥及协调人员、专职安全员等，负责平台上、下全部安全事宜，塔吊指挥应在平台上及地面各配一名。

5 滑模主要施工方法

5.1 安装滑模系统

（1）滑模系统包括上承式钢桁架，内、外操作平台、模板及液压提升系统等，具体部件如图 3 所示。

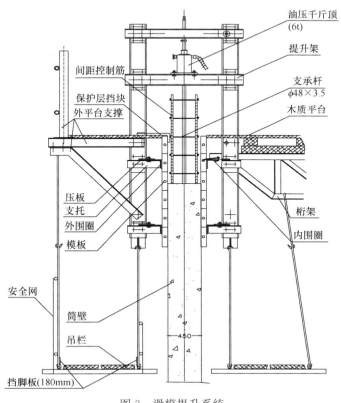

图 3 滑模提升系统

79

（2）模板、围圈及提升架之间的连接应采用螺栓等连接件进行连接；内外操作平台应满铺脚手板，脚手板应和平台构件固定。

（3）液压控制系统中的千斤顶，固定在提升架下横梁上。油管软管打弯处距端头的直线段应不小于管径的 6 倍，弯曲半径要大于管径的 10 倍。液压控制台（YHJ－80 型）在与油管、千斤顶相互连通后，应通电试运转。

（4）安装支承杆

埋入混凝土内的支承杆接头应交错布置，每一水平断面处接头数不应超过接头总数的 1/4。支承杆按提升架位置放好后，检查液压系统，然后根据设计安装相应的千斤顶，整个滑模提升装置即告安装完毕。

5.2　滑模钢筋混凝土施工

（1）钢筋施工：钢筋采用绑扎连接。为确保环向水平钢筋不发生位移，在环向每隔 500mm 布置竖向梯子筋。

（2）混凝土施工：混凝土的浇筑采用塔吊配合人工分层浇筑。首次滑升时，待首层浇筑的混凝土强度达到相应强度（0.3MPa）后，进行 1～2 个千斤顶行程的提升，并对滑模系统和混凝土的质量状况进行全面检查，确认符合要求后，再正常滑升。应安排专人对混凝土进行振捣，保证塔身混凝土密实。

5.3　塔身混凝土的养护

（1）滑模施工过程中，在内外操作架靠近塔身下沿设置环形的专用养护水管，水管内侧钻出水细孔，水管连通塔身下方加压扬程水泵；养护时，根据塔身混凝土强度变化规律和混凝土养护规范要求，专人每隔一段时间打开水阀进行自动养护。

（2）滑模至顶后，在塔身顶端两侧，同样设置环形的专用养护水管，安排专人定时进行混凝土塔身的养护，保证混凝土强度的增长，确保结构安全。

6　挑檐钢筋及钢结构预埋件的处理

（1）本工程外檐为幕墙装修，且外檐施工用脚手架与结构也需通过相应的埋件进行连接，滑模施工前需留置大量预埋件；同时塔身有多道钢筋混凝土挑檐，在滑模施工前也需留置挑檐连接钢筋。

（2）对于幕墙结构及脚手架连接用预埋件：应根据幕墙结构及脚手架施工要求提前进行交底，由专人根据设计图埋设。出模后根据埋件布置图，先对已预埋的埋件进行清理，使之露出金属面，然后用铁刷子刷掉铁锈，清理干净。对不符合安装标准的预埋件必须按有关规定处理，保证预埋件的位置及连接强度，保证幕墙安装要求。

（3）在滑模施工前将外围挑檐箍筋预埋在混凝土筒壁内，滑升过后施工人员按箍筋所在相应位置放线，在出模塔身混凝土刚开始终凝前将相应部分箍筋人工抠出、调直，并将已成型部分混凝土表面凿毛、漏出石子清扫干净后浇筑支模部分混凝土。

7 滑模施工的检查与验收

主要项目包括：原材料、加工件及半成品的质量检查；操作资格证上岗证的检查等；平台上相关作业的检查；支承杆的工作状态；千斤顶的升差情况；滑升模板前混凝土强度；混凝土的养护、外观质量检查等。

8 几点体会

（1）施工方案的优选：滑模施工为相对专业的施工项目，按照北京市的相关文件规定属于超过一定规模危险性较大的分部分项工程。应组织进行施工专业队伍的选择、专业施工人员的培训交底；施工方案应根据工程特点进行编制、比选，并组织滑模专家进行研讨论证工作；应考虑到可能出现的各种质量通病及滑模施工中常见问题并制定出相应的预控对策。

（2）加强对混凝土的质量控制

1）配合比的要求：滑模施工对混凝土有其特殊的要求。在滑模试验阶段，应对商品混凝土供应商进行配合设计及混凝土运输的技术交底，完善各种情况下的施工配合比配制；施工中根据天气变化及时和混凝土搅拌站进行沟通，对混凝土的配合比进行调整。

2）对混凝土出模强度的要求：为了不过分影响滑模混凝土后期强度，也不因强度太高增大提升时的摩擦阻力而导致混凝土表面拉裂，混凝土 $6 \sim 8h$ 的出模强度应控制在 $0.2 \sim 0.4MPa$。

3）滑升过程中出现裂缝时，应及时请监理工程师认定。若属轻微裂缝可及时进行修补；若出现的裂缝危及结构安全，则根据裂缝的部位和形式，应由技术负责人提出处理方案进行处理；当发生的情况超出施工单位处理范围时，应由建设单位组织论证，为施工单位提供技术支持。

（3）在加强平台刚度的同时，应尽可能地减少自重对平台的影响。施工设备、施工材料的提前布置保证平台系统的平衡。尽可能做到堆量少，因此要配备足够的垂直运输工具来运输材料。

（4）液压提升系统是液压滑升模板施工装置中的重要组成部分，安装完毕后应及时进行调试，检查各部件的运行情况，将试运转的各项记录记录下来供日后操作之用。

（5）在滑模施工过程中，应重点对滑升施工中滑模的水平度与垂直度进行监测测量。应提前制定监测方案，安排专人根据施工进度进行监测，并根据监测测量结果及时进行调整纠偏，确保塔体的水平和垂直偏差符合规范和设计要求。

总之，滑模施工具有施工机械化程度高、施工连续性好、施工质量较稳定的特点，并且适合不同结构特点，特别是筒仓结构的钢筋混凝土建筑的施工。只要精心组织方案的编制，合理安排实施施工方案的要求，就能够完成预定的施工任务。

参考文献

[1] 中国建筑科学研究院. GB 50204—2002混凝土结构工程施工质量验收规范. 北京：中国建筑工业

出版社，2002.

［2］ 中冶集团建筑研究总院. GB 50113—2005 滑动模板工程技术规范. 北京：中国计划出版社，2005.

［3］ GB 50669—2011 钢筋混凝土筒仓施工与质量验收规范. 北京：中国建筑出版社，2011.

［4］ 中国建筑科学研究院. JGJ 195—2010 液压爬升模板工程技术规程. 北京：中国建筑工业出版社，2010.

口套模板与大钢模板整体固定技术
在高层保障性住房项目中的运用分析

孙　逊　张进坤　韦晓峰

（北京城乡建设集团有限责任公司）

【摘　要】　近年来随着高层建筑的迅速发展，全国各地已经开始大规模集中建设高层保障性住房。其中很大一部分是高层框剪结构的单元住宅，具有平面布置、结构形式、户型种类相同度相对较高的特点，比较适合推广使用定型大钢模板，其工艺优势和经济效益十分突出。

　　本文结合了位于北京市回龙观的西城区对接安置保障用房项目（一期）1号楼、2号楼等12项工程建设中外墙门窗口套模板与钢制大模板整体固定技术施工实例，对其设计、加工、施工组织方案、安装、拆卸、质量控制要点进行了系统的总结和研究。工程实践证明，将窗洞口模板与剪力墙大钢模固定在一起，形成一个整体的新型技术方式来支设外墙窗洞口，其改变了传统施工工艺，确保了工程中5820个不同尺寸外窗洞口高、宽尺寸及上下通线位移偏差小于长城杯允许偏差范围，保证剪力墙大模板不发生位移的情况下，窗洞口不会产生位移变形偏差。

　　新型的外墙门窗口套模板与钢制大模板整体固定技术，不仅操作简单、施工速度快、混凝土表面观感质量好，还可以减少装修抹灰湿作业工作量。相对于普通大钢模板及高层建筑来说，此技术为提高混凝土施工质量、观感效果和降低工程成本起到了很好的效果，对工程创优和房屋的正常使用有深远的意义。

【关键词】　大钢模板；口套模板；高层保障房

　　由于高层保障性住房承担的用户总数多，外立面窗洞口数量多且尺寸较大。常规支设方法中，窗洞口模板四角角钢均为插销固定，且与外墙大钢模板分开支设，整体性差，混凝土结构易造成变形、上下错位等质量通病。加上窗洞口模板均为木质，整体周转次数一定程度上有所限制，故在施工过程中如何保证窗洞口结构尺寸，是建设中的关键因素。

　　模板工程作为混凝土结构分部工程的分项组成部分，是混凝土实体质量和观感质量的关键控制所在。而模板专项方案的比选和优化，则对于保证混凝土结构的外观平整、几何尺寸准确性以及结构实体强度和刚度等将起到重要作用。西城区对接安置保障用房项目（一期）1号楼、2号楼等12项工程为高质量要求的北京市结构长城杯金杯项目，为保证5820个不同尺寸外窗洞口高、宽尺寸及上下通线位移偏差小于长城杯允许偏差范围，现采用将窗洞口模板与剪力墙大钢模固定在一起，形成一个整体的方式来确保剪力墙大模板不发生位移的情况下，窗洞口不会产生位移变形偏差。

　　新型的外墙门窗口套模板与钢制大模板整体固定技术，不仅操作简单、施工速度快、混凝土表面观感质量好，还可以减少装修抹灰湿作业工作量。相对于普通大钢模板及高层建筑来说，此技术为提高混凝土施工质量、观感效果和降低工程成本起到了很好的效果。

下面就本工程施工中所用的外墙门窗口套模板与钢制大模板整体固定技术进行探讨。

1 外墙门窗口套模板与钢制大模板整体固定技术施工原理

随着我国经济建设的不断发展，建设规模不断扩大，建筑事业的迅猛发展，高大模板工程在高层建筑中的应用日益广泛。外墙门窗口套模板与钢制大模板整体固定技术是利用工业化的原理，以建筑物的开间、进深和高度为基础，进行洞口大模板的设计制作，以大模板为主要施工手段，以现浇钢筋混凝土墙体为主导，组织有节奏的均衡施工。

这种施工方法简单，安装拆除简便。采用外墙门窗口套模板与钢制大模板整体固定技术施工，能节约大量的木材资源，维护生态环境，同时还降低了劳动强度，提高了施工效率，节约了人工费用，省去了外墙窗洞口模板施工中繁重的搭设架子和加固模板的工作，取而代之的是进行了大模板的整体吊装和装配工作。同样的外墙窗洞口支模施工，采用木模施工熟练工人与本技术施工平均每人可支模相差 15～20m²，节约了人工，降低了劳动强度。采用本施工技术还可以节约大量的钢管、扣件和一些加固模板用的辅助材料，特别是针对高层建筑剪力墙结构施工，减轻了施工外墙窗洞口模板在高层建筑中的周转材料上的投入。

2 外墙门窗口套模板与钢制大模板整体固定技术模板设计

高层保障性住房外剪力墙窗洞口模板常规采用竹胶板或多层板配 100mm×100mm 木方，50mm×100mm 木方作为背楞，角部用 L125mm×12mm 角钢与 12mm 勾头螺栓做活动角并在窗洞口侧模板设定位钢管支撑而成的木质定型模板，散装散拆。

模板支设做法如图 1 所示。

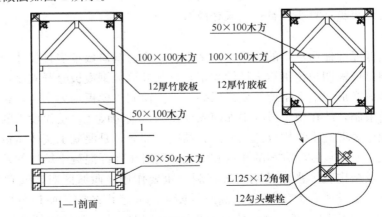

图 1　普通外剪力墙窗洞口模板支设图

此方案中，窗洞口模板四角角钢均为插销固定且与外墙大钢模分开支设，整体性差。混凝土结构容易造成变形、上下错位等质量通病。

为此，对常规支设方案进行了改进，采用角钢、扁铁、钢板将窗洞口模板与剪力墙大钢模固定在一起，形成一个整体的方案。

模板支设做法如图 2 所示。

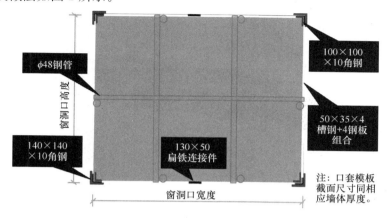

图 2　外墙门窗口套模板与钢制大模板整体固定技术方案设计图

此方案中，窗洞口剪力墙大模板不发生位移，浇筑混凝土后的门窗洞口不会产生位移变形偏差。结构构件标高、截面尺寸、垂直方正、上下通线等各项指标满足规范要求。并为装修过程中门窗安装打下良好的基础，减少了后期剔凿，保证了结构工程质量。

3　外墙门窗口套模板与钢制大模板整体固定技术工艺特点

外墙门窗口套模板与钢制大模板整体固定技术在继承了传统大模板所拥有的优点外，还具备以下特点：

（1）两侧帮洞口采用钢制，刚度大大提高，拆模后混凝土表面观感效果较好。

传统大钢模遇到洞口处，大多数情况下采用竹胶板背肋制作洞口模，刚度小易变形，洞口方正难以确保，易出现流浆现象。而本技术洞口侧面采用 50mm×35mm×4mm 槽钢配 4mm 厚钢板拼装后与大钢模板连接固定，模板具有较好的整体性。从而在质量上抑制了外墙窗洞口的变形，能确保模板拆除后洞口截面几何尺寸和混凝土外观质量，后期无需二次剔凿、抹灰，降低了成本。拼装节点如图 3 所示。

（2）外墙门窗口套模板与钢制大模板现场支拆简便、工人工作效率有显著提高。

窗洞口口套模板的角钢连接靠大钢模板一侧焊上 ϕ20 六角螺母，且需在大钢模板上的相应位置预留 ϕ20 圆孔，用 ϕ20 螺栓固定在外墙内侧大模板上，安装节点如图 4 所示。可实现门窗洞口模板在作业面以外固定，并连同大钢模板一次性吊装，组合完成后大模板如图 5 所示。本施工节点与常规木模洞口施工节点相比，工序简单、机械化操作性强、安拆方便、周转次数高，大大缩短了工期。

经计算，西城区对接安置保障用房项目（一期）1 号楼、2 号楼等 12 项工程节约工期30 天，每天人工按 120 元/工日，150 人计算，共计节约工期成本约 54 万元。

（3）外墙门窗口套模板与钢制大模板整体固定技术改变了传统木质窗洞口单个支设的施工工艺，告别了全木支设的繁琐，不仅省时省工，而且绿色环保，经济效益可观。

图 3　现场口套模板拼装节点示意图

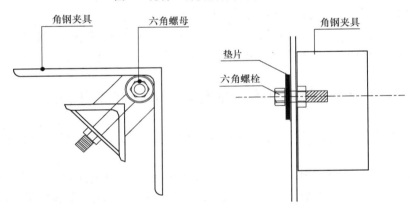

图 4　窗洞口口套模板角钢连接示意图

　　高层保障性住房外立面洞口数量多、尺寸大，整体质量难以精准把控。施工过程中易造成窗洞口变形、上下错位等质量弊病，模板拆除后不仅影响整个建筑物的外立面观感效果，而且给后期装修工程带来繁重的剔凿量。

　　西城区对接安置保障用房项目（一期）1号楼、2号楼等12项工程施工过程中通过技术改进采用了外墙门窗口套模板与钢制大模板整体固定技术。其操作简单、施工速度快、整体性强，有效地保证了门窗洞口尺寸位置及上下顺直，解决了以往施工过程中存在的不足，很好地抑制了窗洞口的变形，使整个工程混凝土结构工程质量及观感效果得到了极大提升。

　　本技术的研发不仅提高了项目的经济效益，而且为工程创优作出了积极贡献，提高了企业建筑市场竞争力。该工程最终荣获了北京市2011年度"北京市结构长城杯（金杯）"称号，并作为2012年度全市保障房结构观摩项目，工程施工质量受到业界专家的高度评价。

图 5 窗洞口模板组装完成效果图

参考文献

［1］ 任庆运. 试论大钢模板施工技术在高层住宅工程中的应用［J］. 黑龙江科技信息，2013，
（3）：274.

［2］ 夏骏. 新型大钢模板在高层建筑中的应用［J］. 太原大学学报，2011，（3）：104-105，110.

［3］ 王玉柱. 大模板技术在高层建筑施工中的应用分析［J］. 施工技术，2013，（04）：122-123.

［4］ 中国建筑科学研究院建筑机械化研究分院. JGJ 74—2003 建筑工程大模板技术规程［S］. 北京：
中国建筑工业出版社，2003.

［5］ 沈阳建筑大学等. JGJ 162—2008 建筑施工模板安全技术规范［S］. 北京：中国建筑工业出版
社，2008.

异形混凝土构件增大截面加固施工技术

吕贵仓　王静梅　李海生　赵晓敏

（中建一局集团第五建筑有限公司）

【摘　要】　随着建筑业的不断发展，结构形式趋于复杂化，异形混凝土结构构件越来越多，异形结构构件的加固问题成为设计与施工关注的重难点问题。以某工程为例，对异形混凝土构件增大截面加固施工技术进行了分析，并结合实施效果对施工过程控制要点进行了总结，可供类似项目参考、借鉴。

【关键词】　增大截面；加固；植筋；灌浆料

1　工程概况

办公商业楼（民源大厦）工程位于北京市朝阳区光华路，基础形式为筏板基础，主体结构为钢筋混凝土框架—剪力墙结构。地下四层、地上十四层，其中首层～二层为裙房，三层～屋顶分为 5 个单塔，其中北侧 2 个塔楼（塔 4、塔 5）地上七层，最高楼面高度 28.150m；南侧 3 个塔楼（塔 1、塔 2、塔 3）地上十四层，最高楼面高度 51.600m。原结构施工至±0.000 处后，由于上部建筑功能调整，导致原结构方案发生变化，±0.000 标高以下结构进行加固改造，地下室框架柱采用增大截面法进行加固。

2　施工技术特点

2.1　施工工艺领先

异形混凝土构件增大截面加固施工技术，采用 CGM 高强无收缩灌浆料进行浇筑，钢筋绑扎、模板支设根据构件曲面形状进行特殊设计，对传统的增大截面加固技术进行了创新，施工工艺领先。

2.2　降低工程造价

异形混凝土构件增大截面所用模板均为现场木工车间批量制作，在现场实现流水周转使用；新增混凝土部分采用 CGM 高强无收缩灌浆料进行浇筑，达到早强、免振捣效果，从而实现了快节奏流水施工，减小了非实体材料投入和人工投入，有效降低了工程造价。

2.3　缩短施工工期

模板均在现场木工车间制作，可随时根据现场流水施工情况增减模板投入量；CGM

88

高强无收缩灌浆料具有早强性能，相应范围模板及支撑可实现快速周转，采用此施工技术，可以优化施工组织和管理，加快施工进度，有效缩短了施工工期。

3 施工工艺原理

增大截面加固施工方法，也称外包混凝土加固法，通过增大构件的截面和配筋，来提高结构的承载力、强度、刚度、稳定性。根据构件受力特点、加固目的、构件几何尺寸、便于施工等要求，可设计为单侧、双侧、三侧和四面增大截面的加固方式。

根据加固目的和加固要求的不同，分为以增大截面为主的加固和增配钢筋为主的加固。以增大截面为主时，为了保证补加混凝土正常工作，亦需适当配置构造钢筋。以增配钢筋为主时，为保证配筋的正常工作，亦需按钢筋的间距和保护层厚度等构造要求决定适当增大截面尺寸。

异形混凝土构件表面为曲面，对钢筋绑扎、模板支设根据构件曲面形状进行特殊设计，保证混凝土外观质量；新增混凝土厚度为变量，采用 CGM 高强无收缩灌浆料进行浇筑，保证浇筑质量；在新旧混凝土结合面涂刷界面剂、增植拉筋，有效解决了新增混凝土与原有构件整体工作、共同受力的问题，避免人为制造"薄弱层"。

4 典型节点

4.1 圆柱单侧加固增大为扁圆柱

圆形框架柱单侧进行加固，增大截面为扁圆柱（柱截面由长方形和两个半圆组成）。由于原框架表面为曲面，增大截面后框架柱截面形式变为扁圆形，箍筋形式及植筋钻孔定位需根据柱截面进行统一设计。圆柱单侧增大截面，因此新增箍筋采用半圆形，箍筋两端按植筋深度要求制作弯钩，植入原框架柱内，如图1所示。

4.2 圆柱两侧均加固增大为扁圆柱

圆柱两侧均进行加固，增大截面为扁圆柱。柱箍筋采用一对 U 形箍互焊，箍筋焊接范围原有框架柱保护层剔除，如图2所示。

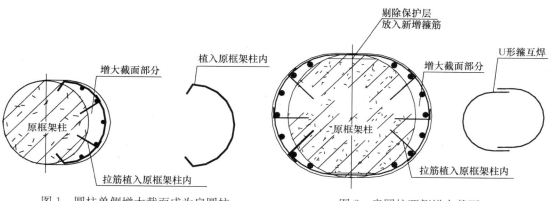

图 1　圆柱单侧增大截面成为扁圆柱　　　　图 2　扁圆柱两侧增大截面

4.3 梁柱节点区柱增大截面

由于梁柱节点区内柱箍筋无法贯通,根据异形柱截面形状将柱箍筋按框架梁个数进行分段,形成等代箍筋,分别植入框架梁内,如图3所示。

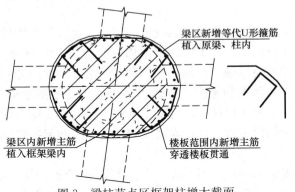

图3 梁柱节点区框架柱增大截面

4.4 梁柱节点区梁增大截面

加固柱为异形截面,且原框架柱内钢筋密集,梁柱节点区加固梁角部新增钢筋无法实现植筋锚固,故采取梁加腋的方式,角部梁纵筋绕过原有框架柱,在框架柱增大截面范围内实现梁纵筋锚固,如图4所示。

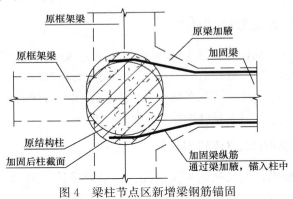

图4 梁柱节点区新增梁钢筋锚固

5 施工过程控制要点

5.1 剔凿、凿毛

(1)设置灌浆孔部位及新增箍筋需与原框架柱箍筋焊接部位进行人工剔凿。

(2)新旧混凝土结合面处按要求进行凿毛,清除混凝土表面的油污、浮浆,并将残渣、灰尘清理干净,施工人员手持凿毛机,使錾头垂直于混凝土面,逐片进行凿毛。

5.2 植筋

异形框架柱钢筋采用植筋方式与原结构连接,新旧混凝土结合面新植拉筋,保证新增混凝土与原有构件整体工作、共同受力。主要施工工艺流程为：放线→剔凿→钻孔→清孔→钢筋清理→锚固→成品保护。

5.2.1 放线

开始钻孔施工前，对结构面清理干净，按设计图要求放线标明钢筋锚固点的钻孔位置。

5.2.2 剔凿

将拟植筋部位钢筋保护层剔除，暴露原有主筋位置，避免钻孔位置和原结构主筋冲突。

5.2.3 钻孔

钻孔方式采用电锤钻孔，按设计要求的孔位、孔径、孔深钻孔。框架柱植筋孔径、孔深要求见表1所列。

植筋孔径、孔深要求 表1

序号	植筋规格	孔径（mm）	孔深（mm）
1	Φ32	40	600
2	Φ25	32	520
3	Φ16	20	335
4	Φ14	18	170
5	Φ10	14	120

5.2.4 清孔

钻孔完成后，用吹风机与刷子清理孔道，清孔要求"三吹两刷"，直至孔内壁无浮尘水渍为止。

5.2.5 钢筋清理

植筋用钢筋必须做好除锈清理，除锈长度大于锚固长度5cm左右，锚固用钢筋的型号、规格严格按图纸设计要求选用。

钢丝刷将除锈清理长度范围内的钢筋表面打磨出光泽，植筋前再将钢筋打磨好的部分用棉丝沾丙酮擦拭干净。

处理完的钢筋码放整齐，现场质检检查清理工作，自检合格后由监理验收。

5.2.6 锚固

采用A级进口结构胶作为植筋胶粘剂。按产品使用说明配制植筋胶，充分拌制均匀。将胶体第一次注入栽埋孔内，并在钢筋栽埋位置段均匀涂以植筋胶，而后将钢筋插入植筋孔，来回抽插几次，让胶体充分粘涂于钢筋与孔壁上。将钢筋拔出，第二次注胶于孔内，再将钢筋慢慢旋转均匀插入孔内，将孔内气体导出，然后将钢筋固定，堵住孔口。将溢出孔外的胶体及时清理。

植筋时钢筋应先焊后植；若有困难必须后焊，焊点距基材混凝土表面应大于 $15d$，且应采用冰水浸润的湿毛巾包裹植筋外露部分的根部。

5.2.7 成品保护

植筋完成后应做好保护工作，保证在胶体固化期及强度增长期内不受扰动。

5.3 刷界面剂

（1）施工环境须干燥，相对湿度应小于70%，通风良好，基面及环境的温度不应低于 5℃。

（2）基面准备：基面应该干净、不松动、无灰尘。

（3）搅拌：每袋粉料（20kg）加 10L 水（水∶粉＝0.5∶1），用电动设备进行搅拌，搅拌成均匀稀浆状。

（4）涂刷：用滚筒或毛刷均匀地把浆料涂刷到基面上。

（5）养护与成品保护：加强通风，待浆料实干（表面变灰黑色）并确认完全封闭基面后，开展后续的工序。

（6）工具清洗：凝固的浆料很难清除，故工具使用完后，尽快用水清洗干净。

5.4 钢筋绑扎

加固柱纵筋与所植钢筋采用绑扎搭接方式连接，梁区范围内柱纵筋植入框架梁，板区范围内柱纵筋穿透楼板与下层柱纵筋绑扎搭接，搭接钢筋的接头设置满足相关规范要求。

由于加固柱截面为异形截面，钢筋需根据加固构件截面形式进行深化设计后下料、加工，加工完成的钢筋需根据具体使用部位分类码放整齐、标识清楚。钢筋绑扎过程中设专人监督钢筋绑扎，务必保证钢筋绑扎效果与深化设计一致，避免钢筋错用、乱用。

5.5 模板支设

5.5.1 圆柱两侧均加固增大为扁圆柱

异形框架柱增大截面模板采用定型木模板，在现场木工车间加工制作。模板第一道为 0.5mm 厚镀锌薄钢板，第二道为 5mm 厚多层板，第三道为 50mm×100mm 木方，前三道均沿柱高方向满置，第四道采用 18mm 厚多层板定做成型，沿柱高方向间距 300mm 布置，第五道背楞采用 $\phi 48.3 \times 3.6$mm 双钢管，间距不大于 300mm，第六道采用 $\phi 48.3 \times 3.6$mm 双钢管作为柱箍，间距不大于 300mm。异型框架柱两侧加大截面模板制作示意如图 5 所示。

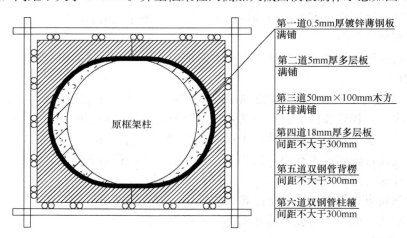

第一道0.5mm厚镀锌薄钢板
满铺

第二道5mm厚多层板
满铺

第三道50mm×100mm木方
并排满铺

第四道18mm厚多层板
间距不大于300mm

第五道双钢管背楞
间距不大于300mm

第六道双钢管柱箍
间距不大于300mm

图 5　圆柱两侧增大截面模板制作示意图

5.5.2 圆柱单侧加固增大为扁圆柱

单侧增大截面的框架柱模板制作方式同两侧加大截面框架柱，并在 50mm×100mm 木方和最外侧柱箍间设置紧固螺栓，保证模板的整体性。异形框架柱单侧加大截面模板制作示意如图6所示。

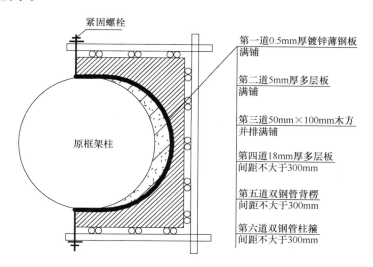

图6 圆柱单侧增大截面模板制作示意图

5.5.3 梁柱节点增大截面模板支设

梁柱节点模板按框架梁个数制作定型模板，在木工加工车间批量制作，充分保证加工精度，以保证梁柱接头处构件截面尺寸及混凝土外观质量，在模板和柱混凝土之间加海绵条，防止漏浆。模板靠紧后用双钢管柱箍从框架梁下部箍紧，防止胀模，柱箍不少于三道，间距不大于300mm，模板支设如图7所示。

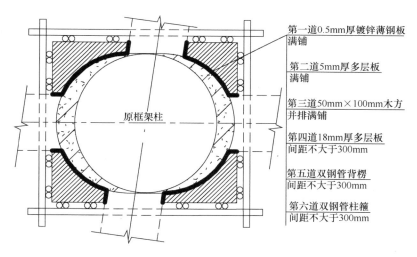

图7 梁柱接头模板支设示意图

5.6 浇筑CGM高强无收缩灌浆料

异形框架柱增大截面部分混凝土厚度为渐变量，在箍筋植筋部位新增混凝土厚度趋近于零，加之新箍筋及柱纵筋的影响，该部位空间狭小，混凝土很难浇筑密实，故异形框架柱（强度等级：C60）增大截面均采用CGM高强无收缩灌浆料（强度等级：C65）进行浇筑。

5.6.1 准备

（1）材料施工前，准备搅拌机具、灌浆设备及养护物品。

（2）材料的验收以试验室检验为标准，检验项目包括流动度、竖向膨胀率、抗压强度等，灌浆料技术指标见表 2 所列。

灌浆料技术指标　　　　　　　　　　　　　　　　　　　　　　　表 2

检验项目		龄期（d）	技术指标
工艺性能要求	最大骨料粒径（mm）	—	≤4
浆体安全性能要求	流动度 初始值	—	≥300
	流动度 30min 保留率	—	≥90
	竖向膨胀率（%） 3h	—	≥0.10
	竖向膨胀率（%） 24h 与 3h 之差值	—	0.020～0.20
	抗压强度（MPa）	7	≥40
	抗压强度（MPa）	28	≥55
	劈拉抗拉强度（MPa）	28	≥5.0
	抗折强度（MPa）	28	≥10.0
	与 C30 混凝土正拉粘结强度（MPa）	28	≥1.8，且为混凝土内聚破坏
	与钢筋粘结强度（MPa） 热轧带肋钢筋	≥12	≥12
	浆液中氯离子含量（%）	0	不大于胶凝材料质量的 0.05

5.6.2 材料配制

灌浆料拌合时，加水量应按随货提供的产品合格证上的推荐用水量加入。拌合用水采用饮用水，使用其他水源时，应符合现行《混凝土用水标准》JGJ 63—2006 的规定。

灌浆材料的拌合可采用机械搅拌或人工搅拌。采用机械搅拌时，搅拌时间为 1～2min。采用人工搅拌时，应先加入 2/3 的用水量搅拌 2min，随后加入剩余用水量继续搅拌至均匀。

现场使用时，严禁在灌浆材料中掺入任何外加剂、外掺料。

5.6.3 设置灌浆孔

加固柱四角对应楼板开 100mm×100mm 洞口，将灌浆料从灌浆孔浇入柱模内，灌浆孔设置如图 8 所示。

5.6.4 浇筑

清扫结构面，不得有碎石、浮浆、浮灰、油污、隔离剂等杂物。灌浆前 24h，结合面表面洒水湿润，灌浆前 1h，烘干积水。灌浆开始后，必须连续进行，不得间断，并尽可能缩短灌浆时间。

5.6.5 拆模养护

灌浆料浇筑完毕后及时采取有效的养护措施，并应符合下列要求：

（1）应在浇筑完毕后的 12h 以内，对灌浆料加以覆盖，并保湿养护。

（2）灌浆料浇水养护的时间不得少于 7d。

（3）浇水次数应能保持灌浆料处于湿润状态，养护用水应与拌制用水相同。

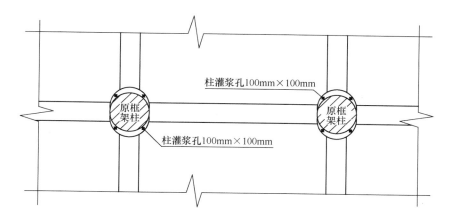

图 8 灌浆孔设置平面示意图

（4）采用塑料布覆盖养护的灌浆料，其敞露的全部表面应覆盖严密，并应保持塑料布内有凝结水。

（5）灌浆料强度足够保证加固柱表面、棱角不因拆模而受损坏，即可拆除模板，一般为 12h 后。

6 结语

通过采用异形混凝土构件增大截面加固施工技术，办公商业楼（民源大厦）工程顺利完成了地下室框架柱的加固工作，该施工技术的研究与应用在施工工期、工程成本、加固工程质量等方面取得了良好的经济效益和社会效益，积累了宝贵的施工经验，希望能为类似工程提供借鉴和参考。

参考文献

［1］ 陈振基 . 我国住宅工业化的发展路径［J］. 建筑技术，2014，45（7）：62-65.

［2］ 徐智峰 . 续建工程改建加固的施工实践［J］. 建筑施工，2014，32（2）：171-173.

［3］ 孙瑞峰 . 混凝土建筑结构的加固方法［J］. 油气田地面工程，2007，26（12）：38-39.

［4］ 袁广林，王霄，李庆涛等 . 高性能灌浆料与混凝土界面粘结性能的研究［J］. 工业建筑，2014，44（4）：69-72.

［5］ 翟滨 . 原有主楼局部新增结构及加固改造施工技术［J］. 施工技术，2014，43（10）：50-54.

［6］ 信任，唐如意，张翼翀等 . 某火电厂混凝土框架结构改造与加固［J］. 施工技术，2014，43（10）：62-65.

［7］ 吴纯玺，高仓 . 地下室火灾后结构受损检测和补强加固技术［J］. 建筑施工，2014，36（6）：752-755.

［8］ 焦德贵，朱健，罗靖等 . 框架结构楼改建中的托梁截柱加固设计与施工［J］. 建筑施工，2011，33（12）：1090-1092.

危旧房改造工程采用无破损加固施工技术

彭　雷

（北京城建十建设工程有限公司）

【摘　要】本文主要对危旧房改造工程采用无破损加固施工技术进行分析。阐述了通过在怀柔区 2012 年老旧小区抗震加固及综合整治工程——府前东街 17 号楼的施工，对所加固改造工程的内容主要为对基础设置地梁、承重结构新增构造柱、圈梁、墙体张拉钢绞线、抹聚合物砂浆等处理，形成了从加固施工方案的制定、材料的选用、施工工艺的运用、操作标准的控制等比较完整的施工技术，以及施工对居民生活的影响降到了最低。

【关键词】危旧房改造；无破损加固；张拉钢绞线；聚合物砂浆；影响

1　引言

　　怀柔区 2012 年老旧小区抗震加固及综合整治工程——府前东街 17 号楼，是北京市怀柔区住房和城乡建设委员会承建，委托北京赛瑞斯国际工程咨询有限公司进行管理，北京国科天创建筑设计院进行设计，北京东方华太建设监理有限公司进行监理，北京城建十建设工程有限公司作为总承包方进行施工。

　　府前东街 17 号楼加固技术概况：本工程对老旧楼的内外墙面等装饰层剔除至原结构面层，对其基础进行开挖设置地梁，对承重墙体加固，设置构造柱和圈梁。承重墙体的加固方式为墙面采用张拉钢绞线，人工抹聚合物砂浆；构造柱横墙之间采用钢拉杆形成闭合结构。

2　工程施工的问题分析

　　（1）本工程难点主要在墙体固定钢绞线网片，因居民楼有较多的门窗洞口，施工时被分割成几个小断面，施工起来较为繁琐。

　　（2）本工程施工期间住宅楼内还有居民居住，在基础开挖、墙面剔凿及钻孔时粉尘等污染较多，存在打扰居民正常生活的问题，施工过程中需谨慎施工，存在一定难度。

　　（3）本工程考虑新增构造柱、圈梁与聚合物砂浆钢绞线存在交叉作业，需投入大量人员使不同种作业的衔接，不另行划分施工流水段。

　　（4）本工程起到控制作用的关键工序为墙体聚合物砂浆及钢绞线的安装，此两项工作的工程量大，施工难度高，需要的工作面积大，时间长，容易与其他工作发生交叉影响。所以在施工中本着以聚合物砂浆钢绞线为施工重点的原则，重点安排；其他项目穿插进行施工。

3 施工技术的应用

3.1 室外基础处理

（1）采用人工电镐将室外原始混凝土地面剔除。

（2）地梁基础开挖挖到距槽底 500mm 以内时，测量放线人员应及时配合抄出距槽底 500mm 水平标高点。

（3）构造柱基础深度为 1500mm，采用方木及多层板进行边坡支护。

（4）本工程采用人工开挖，挖出土方及剔除掉的室外原始混凝土地面废渣采用人力小推车搬运。

（5）地梁位置底部安装固定钢绞线的角钢，进行墙面钢绞线的安装工作。

（6）地梁采用植筋的方式与原结构地梁处进行连接，绑扎钢筋浇筑混凝土。

（7）地梁施工完毕后，采用 C25 混凝土进行回填工作（图 1、图 2）。

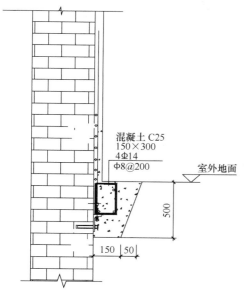

图 1　外墙底部做法

图 2　现场外墙底部照片

3.2 原始外墙基层处理

（1）采用电镐剔除原始外墙装饰面层及窗口上下混凝土装饰线条，剔除时做好相应防护，为保证住户及楼下行人的安全在施工过程中用模板搭设临时防护，尽量减少碎石、碎砖块掉落。在施工中应穿防滑鞋，系好安全带。

（2）用角磨机打磨原始外墙面涂料至露出原始红基砖面层。打磨后除去粉尘，抹聚合物砂浆前用水冲洗墙体。对于原始砖表面有较大缺陷处（较大面积砖块老化、酥松）应预先进行剔除及修复，墙体表面疏松的地方应先将其剔除，然后用聚合物砂浆找补，且保持混凝土清洁干燥。

（3）剔除原红基砖墙的风化、腐蚀层至实体，浇水润湿后，用聚合物砂浆修补密实找平。

（4）最后将墙面粉尘清扫干净后浇水清理。

3.3 聚合物砂浆钢绞线布设

3.3.1 定位放线、安装角钢

按设计图纸要求，弹出角钢位置线上口线，本工程采用 75mm×50mm×8mm 厚角钢，在角钢上按图纸要求先钻孔，为植入化学锚栓做好准备。

3.3.2 植化学锚栓

（1）化学锚栓采用 M12（间距 300mm）与原始墙体进行锚固（图 3）。

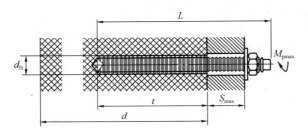

图 3 化学锚栓图

（2）施工安装数据见表 1 所列。

施工安装数据　　　　　　　　　　　　　　　　　　　　　　　　表 1

型 号	M8	M10	M12	M16	M20	M24	M30
螺杆全长 L（mm）	110	130	160	190	260	300	380
钻孔直径 d_B（mm）	10	12	14	18	25	28	35
埋设深度 t（mm）	80	90	110	125	170	210	280
固定物厚度 S_{max}（mm）	14	20	25	35	65	65	70
最小基材厚度 d（mm）	130	140	160	175	220	260	330
最大扭紧扭矩 M_{pmax}（Nm）	10	20	40	80	150	200	400

注：如有需要可根据要求增加孔深以增大强度。

（3）凝固时间见表 2 所列。

凝固时间　　　　　　　　　　　　　　　　　　　　　　　　表 2

温 度	大于 20℃	10～20℃	0～10℃	−5～0℃
干混凝土	10min	30min	60min	3h
湿混凝土	30min	60min	2h	8h

3.3.3 施工工艺

（1）基材（层）钻孔。钻孔工具：冲击式电锤。

施工规格：见上述施工安装数据，在施工过程中严格遵守标准钻孔径、钻孔深度。钻孔前需严格按照 300mm 间距进行放线，找准锚栓的准确位置，防止角钢安装时出现错位、偏差。

（2）清孔，清除原始红基砖的粉屑。

1）用压缩气体如气泵或强力吹风机吹尽孔内粉屑。

2）用毛刷将孔内壁附着的粉屑清除。

3）因锚栓施工基材为砖墙，粉尘及松散砖屑较多，上面两个步骤反复多次，最大限度清尽孔内粉屑，因为压缩气体只能吹尽孔内浮灰，很难将孔内壁附着的粉屑清除，务必使用毛刷多次清理。

4）放入药管，用手或是目视检查确认树脂的流动性，确认后再将药剂插入至孔底。为了施工方便并使化学锚栓充分发挥作用，建议使用时尽量让药管中白色颗粒均匀分布管中，可采用摇晃或在避光处水平放置一段时间的方法。

5）旋入螺杆，螺杆埋入前端有45°切角，后端旋入六角螺母并用电动工具驱动旋入孔底即停，确认有树脂上升至孔口附近。当螺杆到达孔底时，立刻停止搅拌，勿做多余的过剩搅拌动作。

6）固化养护，养护时间参考表2。

3.4 钢绞线安装

（1）钢绞线网片下料：应按照设计文件的说明和加固的具体部位尺寸进行钢绞线网片下料（图4～图8）。

（2）安装钢绞线端部拉环：在钢绞线网片的主筋端部安装拉环，拉环安装应保证夹裹力一致，安装牢固。钢绞线端部应从拉环包裹处露出少许，以不影响网片安装为宜（图9～图11）。

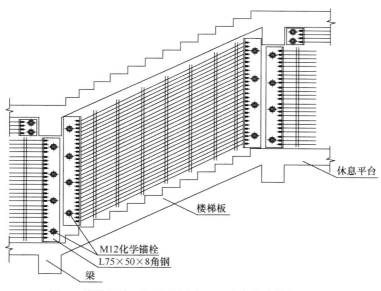

图 4 楼梯间墙面钢丝绳网片——聚合物砂浆加固大样

注：（1）锚板（L75×50×8）的安装位置应尽可能靠近梁边或墙边。

（2）双组分Ⅰ级聚合物泵浆（28d抗压强度≥55.0MPa）（参照《混凝土结构加固设计规范》GB 50367—2013、《建筑结构加固工程施工质量验收规范》GB 50550—2010）抹涂厚度为25mm。

（3）钢丝绳网片的规格为：高强镀锌钢丝绳 ϕ3.2@50×800。

（4）单根钢丝绳的张拉力应达到100kg。

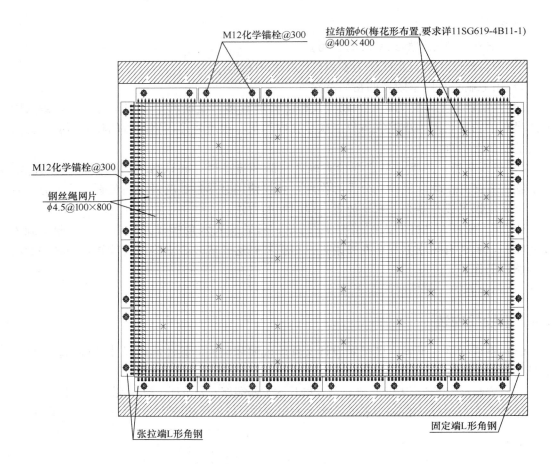

图 5　外墙体加固大样图

图 6　外墙加固现场施工照片

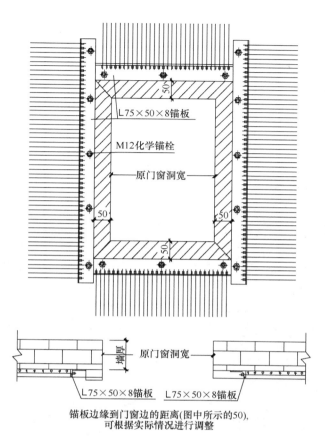

L75×50×8锚板

M12化学锚栓

原门窗洞宽

墙厚

原门窗洞宽

L75×50×8锚板   L75×50×8锚板

锚板边缘到门窗边的距离(图中所示的50),
可根据实际情况进行调整

图 7　墙体遇门窗加固大样

图 8　墙体遇门窗现场施工照片

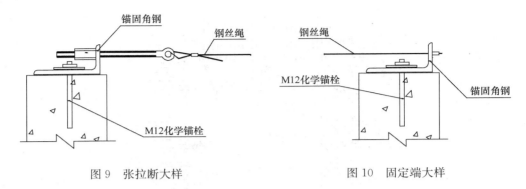

图 9　张拉断大样　　　　　　　　　图 10　固定端大样

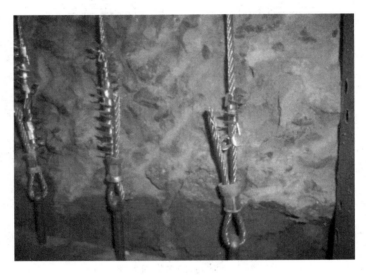

图 11　张拉端现场施工照片

（3）钢绞线网一端固定：确认钢绞线网片布置的纵横方向及正反面，平行于主受力方向钢绞线在加固面外侧，垂直于主受力方向钢绞线在加固面内侧。钢绞线网片固定必须采用打入式专用金属胀栓，穿过端部拉环锤击至已钻好孔中。为避免钢绞线网片滑落，可采用 U 形卡具卡在胀栓顶部和拉环之间（图 12）。

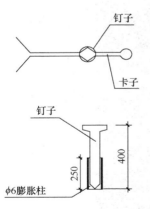

图 12　钢绞线配套固定结

注：1. 以上尺寸均为 mm；

　　2. 固定结与砖墙锚固梅花形布置 @400×400。

（4）钢绞线网片绷紧、固定：将钢绞线网片绷紧，绷紧的程度为钢绞线平直，用手推压受力钢绞线，有可以恢复紧绷状态的弹性。根据钢绞线网片预计绷紧位置钻孔，钢绞线拉紧后采用专用金属胀栓将其另一端固定于加固构件上。

（5）钢绞线网片调整定位：调整安装过程中扯动的钢绞线网连接点，保持钢绞线网片间距均匀，纵横向钢绞线垂直。在钢绞线网片的纵横交叉的空格处钻孔，用专用金属胀栓和 U 形卡具固定网片。胀栓间距按照设计文件要求确定，呈梅花形布置。

（6）当网片需要接长时，沿网片长度方向的搭接长度应符合设计规定；若施工图未注明，应取搭接长度不小于200mm，且不应位于最大弯矩区。

3.5 抹聚合物砂浆抹灰

（1）聚合物砂浆：Ⅰ级聚合物砂浆（28d抗压强度≥55.0MPa），涂抹厚度为25mm。

（2）第一层聚合物砂浆抹灰：在界面剂凝固前抹第一层聚合物砂浆。第一层聚合物砂浆施工时应使用铁抹子压实，使聚合物砂浆透过钢绞线网片与被加固构件基层结合紧密。第一层抹灰厚度以基本覆盖钢绞线网片为宜。第一层抹灰表面应拉毛，为下层抹灰做好准备。

（3）后续聚合物砂浆抹灰：后续抹灰应在前次抹灰初凝后进行，后续抹灰的分层厚度控制在10~15mm。抹灰要求挤压密实，使前后抹灰层结合紧密，表面用铁抹子抹平、压实、压光（图13）。

图13 聚合物砂浆施工现场照片

（4）养护：常温下，聚合物砂浆施工完毕6h内，应采取可靠的保湿养护措施，养护时间不少于7d，并应满足产品使用说明规定的时间。

3.6 新增构造柱、圈梁

3.6.1 钢筋绑扎

（1）钢筋材料及机具选择

1）钢筋主材：Φ12、Φ6、Φ8；

2）加工机具：钢筋切断机、钢筋弯曲机。

（2）构造柱绑扎

1）构造柱基础钢筋主筋为Φ12，箍筋为Φ8进行绑扎。

2）构造柱钢筋必须与各层纵横墙的圈梁钢筋绑扎连接，形成一封闭框架。构造柱截面尺寸为240mm×300mm，主筋为钢筋6Φ12；角柱截面尺寸为240mm×600mm，钢筋为12Φ12。

3）箍筋必须做成 135°，弯钩长 10d，箍筋间距加密区为 100mm，非加密区为 200mm，箍筋为Φ6。

4）构造柱横墙墙体之间需要设置 2Φ18 钢筋，钢拉杆代替内圈梁，形成闭合系统。

（3）圈梁钢筋的绑扎

1）支完圈梁模板后，即可绑扎圈梁钢筋，如果采用预制绑扎骨架时，可将骨架按编号吊装就位进行组装。如在模内绑扎时，按设计图纸要求间距，在模板侧绑画箍筋位置，放箍筋后穿受力钢筋，绑扎箍筋。注意箍筋必须垂直受力钢筋，箍筋搭接处应沿受力钢筋互相错开。圈梁截面尺寸为 200mm×250mm，主筋为 8Φ12，箍筋为Φ6@100/200。

2）圈梁和构造柱钢筋交叉处，圈梁钢筋宜放在构造柱受力钢筋内侧，圈梁钢筋搭接时，其搭接或锚固长度要符合设计要求。

3）圈梁钢筋绑扎时应互相交圈，在内外墙交接处，大角转角处的锚固长度均要符合设计要求。

4）圈梁钢筋绑完后应加水泥砂浆垫块。

3.6.2 植筋

（1）材料、机具准备

1）植筋胶：必须采用改性环氧类或改性乙烯基酯类（包括改性氨基甲酸酯），植筋胶应满足相应技术要求，并采用 A 级胶。植筋深度为 200mm。

2）本工程圈梁及构造柱均采用化学植筋的方式与原有结构的圈梁及构造柱进行连接，植入钢筋规格为：Φ12@600。

3）机具：冲击钻、毛刷、空压机、角向磨光机、钢丝刷等。

（2）操作工艺

1）弹线定位：根据设计图纸的钢筋数量及位置，标注出植筋位置。并经项目部及监理人员验收，位置符合设计要求后才可以钻孔。

2）钻孔：用冲击钻钻孔，钻头直径应比钢筋直径大 2mm 左右。植筋锚固深度 200mm，钻头始终与墙面垂直。

3）洗孔：用不掉毛的毛刷，套上加长棒，伸至孔底，来回反复抽动，把灰尘和碎渣带出，再用空压机吹出浮沉。吹完后再用脱脂棉沾酒精或丙酮擦洗孔壁。但不能用水擦洗，因为用酒精或丙酮容易挥发，水不易挥发。而且用水后孔内不会很快干燥。洗孔完成后需要经我项目部质量人员进行验收，自检合格后报监理验收，验收合格后方可注胶。

4）钢筋处理：钢筋锚固部分要清除表面锈迹及其他污物，采用角向磨光机配钢丝刷除锈，打磨至露出金属光泽为止，若钢筋锈蚀严重，要用稀盐酸浸泡除锈 10～15min，后用石灰水中和，再用清水冲洗后擦干方可使用。

5）注胶：注胶要从孔底开始，孔内注胶应达到孔深的 1/3，孔内注完胶后应立即植筋。

6）植筋：首先将配置好的结构胶注入孔内，并将结构胶涂于钢筋锚固端（宜 2～3mm），然后缓慢将钢筋插入孔内，同时要求钢筋旋转，使结构胶从孔口溢出，排出孔内空气，钢筋外露部分长度按照设计图纸要求留置。

7）植筋施工完毕后注意保护，24h 之内严禁有任何扰动，以保证结构胶的正常固化。

8）在植筋后，要对所植入钢筋进行现场拉拔试验，以确定钢筋及植筋胶是否符合设计要求。待植筋胶完全固化后，进行拉拔试验。

3.6.3 模板安装

（1）材料选择

周转材料：多层板、清水模板、竹夹板、方木、木楔、脚手管。

（2）主要机具选择

1）手使机具：打眼电钻、搬手、钳子。

2）小型机具：平刨机、电锯、锤子等。

（3）作业条件

1）弹好墙身新增圈梁、构造柱的位置线。

2）构造柱、圈梁钢筋绑扎完毕，并办好隐检手续。

3）检查构造柱内的灰浆清理：包括砖墙舌头灰、钢筋上挂的灰浆等。

4）支模前将构造柱圈梁及板缝处杂物全部清理干净。

（4）操作工艺

弹控制线→模板范围抄平→安装模板→（安装柱箍）→模板支撑加固→调整垂直度→复核上口尺寸→验收。

1）构造柱模板

构造柱模板采用木模板，龙骨为 50mm×100mm 方木，固定方式为每隔 600mm 设一道 50mm×100mm 方木，两端为两根拉结丝杆；拉结丝杆的一端穿透方木，另一端用膨胀螺栓与原墙面进行固定（图 14、图 15）。

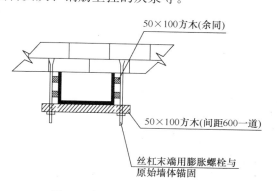

图 14 新构造柱模板支设示意图

图 15 构造柱模板安装及支撑现场施工

2）圈梁模板

① 地圈梁模板采用木模板支设，采用 50mm×100mm 方木固定。

② 圈梁模板采用木模板上口弹线找平，用落地式钢管搭设模板支撑，龙骨为 50mm×100mm 方木。

③ 钢筋绑扎完以后，模板上口宽度进行校正定位，并用木撑进行校正定位，用铁钉临时固定。

3.6.4 浇筑混凝土

（1）材料及机具选择

1）混凝土：商品混凝土 C25。

2）机具：振捣棒、手推车、铁锹、木抹子等。

（2）操作工艺

泵机试运转→搅拌站供货→核实混凝土配合比、开盘鉴定，混凝土运输单→检查混凝土质量、坍落度→人工输送混凝土→分层浇筑→振捣→抹面→扫出浮浆、排除泌水→养护→成品保护。

4 应用效果分析

4.1 技术质量情况

在施工前，我们对原材料进行了筛选，如钢筋、高强砂浆等，从原材开始进行质量把关，在施工过程中，我们坚持按照施工规范、施工工艺标准及施工图纸施工，并按国家质量验收标准进行检查验收。要认真抓好施工组织设计、施工方案、技术交底的实施，使一切工作都做到有依有据，杜绝一切不按规定操作的行为。每道工序及时报验并编制技术质量资料。

在施工过程中，需要进行复试检验的，均按照规范要求，在监理旁站的情况下，进行取样和现场试验，复试结果均合格。

在施工结束后，及时跟踪现场情况，对施工遗留问题及时发现，及时解决。

4.2 经济效果分析

通过老旧小区的加固改造，省去了对旧楼拆了重盖环节中产生的拆除费、居民安置费等诸多费用，使得政府花最少的钱，达到了对老旧小区的使用寿命给予延长的预期效果。既节省了时间，也节省了政府资金。

4.3 社会效果分析

政府通过对老旧小区的加固改造，在居民心中更加确立了"以人为本"的政府职能方针，使得政府工作更加贴近百姓。让老房子换新装，得到了社会各界的好评，使得人民群众切身处地的感受到了政府的关怀。

5 结论

5.1 阐述本技术的可行性、可靠性、可推广的意义及应用范围

钢绞线聚合物砂浆的加固方式应得到大力的推广，该工艺减少了对原结构的破坏，减轻了对居民正常生活的影响。

5.2 延伸本技术的设想

针对构造柱和圈梁的位置，通过计算采用钢绞线聚合物砂浆的方式进行代替。

CL 体系民房施工技术在高寒高原地区的应用研究

王浩鸣　刘海泉　姜　南　宗文明　田　磊

（北京住总第一开发建设有限公司）

【摘　要】 CL 建筑体系是一种全新的住宅结构体系，是建设部推广的节能省地建筑应用技术。青海玉树地震后，青海省在灾后恢复重建农牧民项目中应用此项技术。CL 建筑体系民房施工技术在高寒高原地区应用尚属首次。本文首先从设计的角度对 CL 建筑体系在民房应用中的结构受力特点、材料选用、节点做法等方面进行了分析。对科学合理的人员组织，材料、机械设备的选用，主要施工方法与质量控制，施工工期，保证工程抗震、保温等方面进行了实践探索。重点对高寒高原综合施工技术进行了研究总结。对此项技术用的成本、保温节能等技术经济指标进行了对比分析，为 CL 建筑体系民房施工技术在高寒高原地区的推广应用提供了可借鉴的经验。通过本工程实例，CL 体系民房施工操作方便，对施工场地要求不高，适用性广泛，施工速度快。CL 体系复合墙板材料彻底取代了黏土制品及其他砌体材料，节约了能源，减少大气污染，体现了绿色施工环境保护。CL 体系墙体材料主要部分在工厂批量生产，产业化规模化建造，提高了生产效率。具有良好的抗震性，结构比重轻，受震破坏危害小，适合地震灾害频发地区建筑物的建造。具有良好的经济效益和社会效益，在类似工程中值得推广应用。

【关键词】 CL 建筑体系；高寒高原；施工技术；节能环保

1　前言

CL 体系作为 2006 年建设部推广的节能省地型建筑应用技术（《建设部节能省地型建筑推广应用技术项目目录》建科［2006］38 号），在青海省深受重视，在青海省新材料产业调整和振兴实施意见中，作为重点项目。针对玉树援建工程，青海省政府、青海省住房和城乡建设厅、青海省经济委员会、青海省环境保护厅分别发文，要求推广应用 CL 体系。

我公司 CL 体系民房施工技术应用尚属首次，又是高寒高原地区施工，灾后重建项目，且要符合当地藏民的信仰、文化及生活习惯的要求，实施难度很大。课题立项主要目的是通过对 CL 建筑体系施工特征的研究，科学合理地组织设计、施工，缩短建设工期，让当地居民尽早入住；通过对 CL 建筑体系受力特点、材料选用、节点做法的研究，保证工程抗震、保温、防水等功能要求；通过对其工艺、工序的研究，合理控制人员、材料、设备投入，降低施工成本；同时做好施工现场的节能环保工作。

2 工程概况

2.1 工程性质及建设方式

本工程为玉树灾后重建工程，由国家财政拨款结合社会捐赠资金，青海省政府委托当地玉树县管理公司作为建设方管理，北京住总集团有限责任公司负责工程总承包，负责从勘察、设计到施工、交用全过程管理，是一项交钥匙工程。工程性质为农、牧民居住用房及配套设施，其中民房 1083 套，每套建筑面积 80.5m²，总建筑面积 87187.5m²。CL 体系民房 603 套，建筑面积 48541.5m²。

该工程合同工期为 769 日历天，2010 年 7 月 8 日开工；2012 年 8 月 15 日竣工。

2.2 工程位置及环境特点

本工程位于青海省玉树州玉树县哈秀乡。地处青藏高原腹地，通天河谷西南侧、扎曲（河）谷的沟谷地、山地，平均海拔 4300m。气候具有典型的大陆性气候特征，年温差小，日温差大，日照长，辐射强烈，风大、高寒、缺氧。以雪灾为主的自然灾害较为频繁，是玉树州重点的雪灾易发区。6~8 月雨水多而集中，比较湿润，全年日照时间约 2300h。年平均气温 -0.4℃，最热月（7 月）平均气温为 9.3℃，最冷月（1 月）平均气温为 -11.1℃。

2.3 建筑概况

建筑概况见表 1 所列。

建筑概况 表 1

序号	项 目		内 容
1	面积统计（总建筑面积）		48541.5m²（80.5m²×603 套）
2	层数		主体建筑层数 1 层
3	层高		首层 2.92m
4	建筑标高、尺寸		基底标高 -1.8m，长 11.04m，宽 7.94m
5	防水（二级）	屋面	SBS（4mm 厚）改性沥青防水卷材
6	保温	屋面	100mm 厚膨胀型聚苯板
		外墙	240mm 厚钢丝网架复合型墙体
		女儿墙	膨胀型聚苯板
7	屋面工程		水泥砂浆屋面
8	内装修	地面工程	细石混凝土地面、水泥砂浆地面
		内墙	耐擦洗涂料
		顶棚	耐水腻子顶棚、涂料饰面
9	外装修	外墙	一底二涂高弹丙烯酸涂料
10	门窗工程		采用铝塑窗中空三层玻璃门窗

2.4 结构概况

结构概况见表 2 所列。

结构概况 表 2

序号	项　目		内　容
1	结构形式	基础	独立基础
		墙体	复合轻型钢筋混凝土剪力墙结构体系（简称 CL 结构体系）
		屋盖	现浇混凝土板
2	工程合理使用年限		50 年
3	耐火、抗震等级		2 级、7 级
4	主要材料	混凝土强度等级 基础垫层	C15
		混凝土强度等级 主体	底板、框架柱、地梁 C25；楼板、圈梁、构造柱 C20；结构墙体均采用 CL 结构体系，现浇复合墙板，喷射混凝土强度 C20
		钢筋类别 钢筋	HPB235，f_y＝210N/mm²；HRB335，f_y＝300N/mm²
		钢筋类别 钢筋连接	采用绑扎搭接
		钢筋类别 焊条	HPB235 级钢相焊及 HRB335 级钢相焊用 E43XX，型钢用 E43XX，HRB335 级钢相焊用 E50XX
5	结构截面尺寸	柱截面	240mm×240mm、360mm×240mm
		梁截面	300mm×500mm
		楼板厚度	120mm

3 CL 建筑体系特性与优点

3.1 CL 建筑体系特点

CL 建筑体系是将一种永恒的节能技术措施融入墙体，构成新型复合钢筋混凝土剪力墙结构体系。CL 建筑体系将保温层与剪力墙的受力钢筋组合成 CL 网架板与构造柱作为墙体骨架，两侧浇筑自密实混凝土（或喷射混凝土）后，形成复合墙体，发挥受力和保温的双重作用。实现了墙体改革、建筑节能和建筑工厂化的目标。CL 建筑体系不同于在建筑主体外部采用"外贴"、"外挂"保温层节能技术，其最大优势：可使建筑物的全寿命周期不需对保温层进行维修和更换，解决了目前外墙外保温易裂缝、空鼓、渗漏、脱落等隐患及寿命短造成后期产生大量建筑垃圾和大量维修费用问题。

3.2　CL 建筑体系优点

（1）彻底取代黏土制品，节约能源，节约耕地，减少大气污染。

（2）抗震性能好，比砖混结构提高 2～3 个抗震烈度。

（3）保温性能好，能达到国家规定的节能 65% 的要求。

（4）使用面积大，比砖混结构增大 8%～10% 的使用面积。

（5）绿色建筑，无辐射、无污染。

（6）使用寿命长，比砖混结构延长使用寿命 30 年。

（7）保温与建筑同寿命，外装修质量稳定，永不开裂、脱落。

（8）产业工业化，墙体主要部分在工厂建造，批量生产。

（9）由于墙体两侧混凝土与主体结构其他混凝土同时浇筑，解决了普通结构中填充材料由于自身干缩模量与混凝土不同而产生的干缩裂缝。

4　本工程 CL 建筑体系特点

4.1　建筑设计特点

（1）本工程为藏民居住用房，从建筑布局符合藏民生活习惯要求，每户均设置佛堂。

（2）屋檐处设民族特色藏饰，窗口外侧做特色装饰，突出藏族传统文化特点。

（3）由于当地气温较低，在入户门处设置暖廊，且在起居厅屋顶设置烟筒口。

（4）室内不设置厕所。

4.2　结构设计特点

（1）本工程采用独立柱基础，并设基础梁，CL 复合墙体，现浇混凝土圈梁及顶板。复合墙体内部设置构造暗柱，并在暖廊部位设 4 根承重柱，如图 1 所示。

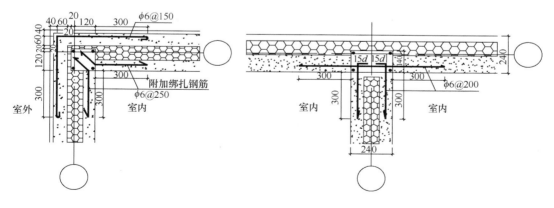

图 1　墙体转角及丁字部位节点图

（2）本工程中 CL 复合墙板总厚度 240mm；保温板厚度 100mm，内侧混凝土厚度 80mm，钢丝直径为 3.0mm，间距 50mm，钢丝网距离保温板 60mm；外侧混凝土厚度

60mm，钢丝直径为 2.5mm，间距 50mm，钢丝网距离保温板 40mm；斜向焊接腹筋直径为 3.5mm，数量为 100 个/m²，三维均匀斜向布置，如图 2 所示。

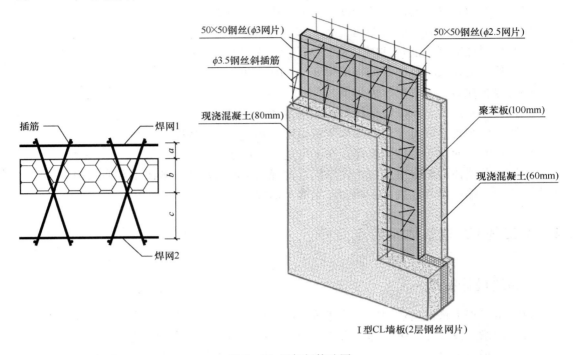

图 2　CL 网架板构造图

5　施工准备

5.1　技术准备

组织专业技术人员对现场施工人员进行技术培训和施工指导工作。培训内容包括：相关技术学习、施工工艺标准、节点构造处理、现场施工等。熟悉设计图纸、CL 板拼装图及施工工艺，编制施工方案，组织落实技术交底。

5.2　施工机械设备准备

5.2.1　混凝土喷射设备

本工程墙体采用 CL 网板喷射混凝土工艺，主要施工设备是混凝土搅拌喷射设备。设备为 SJB-AI-50 型喷浆机，集混凝土搅拌和喷射功能于一体。前半部是混凝土搅拌机，后半部为受料斗、输送设备，与空气压缩机配套使用。每次可搅拌混凝土 0.35m³，工作时混凝土从受料斗经输送管送至喷枪，再与空气压缩机配合完成混凝土喷射。配套空气压缩机单机供风量 3m³/min，且风压不小于 0.5MPa。输气管道主管道孔径不小于 20mm，喷枪内输气管孔径不小于 10mm。

5.2.2　发电机

由于地处青藏高原，没有固定电源，现场采用 50kV·A 及 75kV·A 柴油发动机提供动力。按照现场工程量及工程分布情况，共配备 56 套。

5.3　施工人员配置

根据现场工作需要，合理安排施工人员，形成多条流水线同时施工，每一组喷浆机 1 台，CL 板安装 5～6 人，混凝土喷射 15 人，见表 3 所列。

施工人员安排表　　　　　表 3

工　种	人　数	工　种	人　数
喷射工	2 人	设备控制	2 人
管道辅助工	2 人	混凝土原材料供应（现场搅拌）	5 人
抹灰工人	4 人	合计	15 人

6　施工方法

6.1　施工工艺及流程

混凝土试配、设备调试等准备工作→独立基础、基础梁施工→在基础梁上弹出墙体及 CL 板位置、标高线→安装柱子钢筋→CL 网架板安装就位（同时承重柱支模）→CL 网架板的临时固定、校正→CL 网架板周边钢筋、节点钢筋绑扎及管线敷设→安装门窗洞口模板→安装混凝土厚度控制件→浇筑柱子混凝土→喷射墙面混凝土→混凝土抹面及养护→梁及顶板混凝土施工→门窗安装→屋面保温、防水施工→装饰、装修。

6.2　基础施工措施

（1）独立基础、基础梁挖土采用反铲式挖土机开挖，人工配合休整、清槽。

（2）施工中严格控制独立柱及基础梁的标高和位置，保证钢筋、混凝土的施工质量。

（3）为确保 CL 板安装的垂直度及拼缝的严密，施工中加强对基础梁顶面水平度及平整度的控制，平整度严格控制在 5mm 以内，并严格控制基础梁预埋钢筋的位置及长度。

6.3　CL 墙板安装及临时固定措施

（1）安装前，首先在基础梁上弹出墙板及 CL 板的位置线，校验预埋钢筋的位置、长度及间距，发现问题及时处理；并对混凝土接槎部位进行剔凿、清理，按施工缝要求处理。

（2）CL 网架板检验合格后，利用门式脚手架配合施工，人工对 CL 板进行安装就位，并临时固定，如图 3 所示。

（3）安装就位后，及时采用钢管、方木进行加固，并绑扎钢筋焊网对 CL 网架板进行搭接固定。底部与预留钢筋绑牢，转交、丁字墙部位与构造柱绑牢固定。

6.4　门窗洞口模板安装措施

采用多层模板和方木现场制作洞口模板。必须保证洞口的位置、标高、垂直度及方正

CL板上口钢管固定

CL板转角处方木固定

CL板内侧斜撑固定

CL板外侧临时固定

图 3　CL 板固定方式

度，并且固定牢靠，保证洞口边混凝土厚度，如图 4 所示。

图 4　门窗洞口模板安装

6.5　控件安装措施

（1）为了保证混凝土层的厚度及墙体垂直度，在 CL 网架板安装就位后安装控制件。控制件采用方形钢管竖向绑扎在 CL 网架板钢筋焊网的外侧，起到冲筋的作用。方管必须绑扎在焊点处，且不得产生水平方向及墙面外的位移，间距不大于 2m。

（2）混凝土保护层控制件安装完毕后，根据控制件对 CL 网架板及板的拼缝进行垂直校正，保证其平整度、垂直度在 3mm 以内（规范要求 5mm），且板缝拼接严密。

6.6　钢筋施工措施

（1）基础梁顶部预留锚固钢筋位置及锚固长度准确，与 CL 板钢丝网片绑扎牢固，如图 5 所示。

（2）转交部位、CL 板现场拼缝处、门窗洞口位置及构造柱与墙体连接部位设置加强钢筋，钢筋的尺寸、位置、数量必须准确，与钢丝网片绑扎牢固。

图 5　基础梁与 CL 板钢筋连接

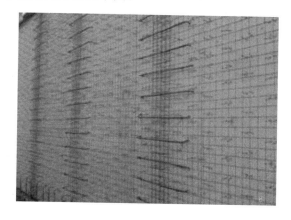

图 6　CL 板拼缝加强筋

6.7　喷射混凝土搅拌措施

（1）混凝土采用现场搅拌，冬施部分非喷射混凝土为商品混凝土。

（2）混凝土强度等级：独立柱、基础梁、承重柱为 C25，其余均为 C20 混凝土。

（3）CL 复合墙体采用喷射混凝土，其余混凝土均为常规方法施工。

（4）喷射混凝土配合比控制：按照施工工艺及相关规范规定：水灰比宜为 0.5，砂率宜为 0.45～0.55，水灰比宜为 0.5～0.55，胶骨比宜为 1∶3.5～1∶4.5。配合比通过试验、试喷结果确定，实际采用的施工配合比见表 4 所列。

喷射混凝土配合比（强度等级：C20，单位：kg/m³）

表 4

材料	水泥	砂	石	粉煤灰	硅灰	减水剂	水
用量	400	820	880	125	25	3.8	220

（5）混凝土坍落度：按规范规定，混凝土坍落度控制在 80～120mm。由于喷射厚度较大，为防止混凝土发生流坠，现场在确保混凝土正常喷射的基础上，实际控制坍落度在 80～100mm。

（6）混凝土搅拌控制：粗、细骨料→水泥→外加剂量（搅拌 90s）→水（搅拌 120s）→出料。严格控制搅拌时间，保证混凝土的均匀及和易性。

6.8　混凝土喷射施工措施

（1）柱的浇筑：构造柱任一截面尺寸较大时，采用在墙体混凝土喷射前对构造柱支模浇筑，并在混凝土终凝后拆除与墙体隔断的模板，进行墙体混凝土喷射施工。构造柱尺寸较小时，可采用斜向下 45°方向、最大气压喷射的方法浇筑。本工程 4 根承重柱采用支模浇筑，其余构造柱采用喷射完成。

（2）喷射顺序：采用自下而上顺序喷射混凝土。当墙段较长时，可以冲筋或控制件为界分段进行，分段距离宜在 1.5～2.0m 之间。相邻墙体的混凝土喷射在构造柱混凝土浇筑终凝前进行。

（3）喷射压力：平原地区一般喷射压力控制在 0.35～0.38MPa，现场根据试喷结果进行调整，实际喷射压力为 0.50～0.55MPa。

（4）喷射距离：喷嘴至墙面距离控制在 400～500mm，快速移动喷射使混凝土表面基本平整。

（5）本工程喷射厚度分别为 60mm、80mm，均小于 100mm，一次性喷射至设计厚度。施工过程中每道墙喷 2 遍完成，每层喷射厚度控制在 30～40mm。

（6）喷射轨迹：喷枪移动轨迹采取水平移动、往复喷射的方式。

（7）抹面：混凝土喷射后在初凝后终凝之前进行刮抹修平，修平不得扰动新浇筑混凝土的内部结构。混凝土终凝后，喷射抗裂砂浆进行找平并压光。抗裂砂浆宜采用聚丙烯等聚合物纤维，掺量为 1.0～2.0kg/m³。

（8）喷射混凝土试块制作：现场制作 450mm×450mm×120mm 试模，现场喷射制作试件，用三角抹具刮平混凝土表面，现场标养 7～10d，送见证试验室。试验室用切割机制作成边长 100mm 的立方体试块，继续标养至 28d 后试压，确定喷射混凝土强度。最终试验结果表面混凝土强度均能达到设计强度，如图 7 所示。

图 7 喷射混凝土试块制作过程组图

6.9 高寒高原气候施工应对措施

（1）地处高原，气压低、缺氧，施工降效。由于高原反应，工人的活动强度不能太高，必须合理组织施工人员数量，合理安排作息时间。尽可能提供较好的条件保障工人吃好、休息好，保障参建人员身体健康，保持施工队伍稳定。

（2）由于气压低，发电机及空气压缩机不能达到标定输出功率，应适当选择比平原施工功率稍大一些的设备。比如按用电量计算,50kV·A 发电机可满足喷浆机施工需求,但实际应用中电量供应不足,后来改为 75kV·A 发电机。

(3) 当地气候变化快,雨雪较多,施工现场应备足防雨遮盖物资。现场施工过程中,经常一阵风吹来,紧跟着雨雪就到。这时对刚成型的混凝土必须做好覆盖工作。此外,这种天气对防水工程的施工也带来许多不便,最好考虑采用对基层含水率要求不高的防水材料。

(4) 冬施:当地气候特征是冬期时间长,冬季气温低,昼夜温差大。每年 10 月至次年 4 月均为冬期,也就是说每年有 5 个月为常温施工,7 个月为冬期施工,此期间施工必须采用冬施措施;另一特点是日温差大,夜间 -15℃,而白天阳光充足,气温可达 10℃以上。这种情况有利于组织白天施工,重点是夜间做好保温蓄热工作。

(5) 针对此情况,我单位采取暖棚法组织冬期施工。暖棚尺寸为长 14m、宽 11.2m、高 6m,主龙骨采用壁厚为 3mm 的 100mm×50mm 方钢;次龙骨及斜撑采用壁厚为 3mm 的 50mm×30mm 方钢,采用苫布、彩条布双层进行封闭,为满足施工期间暖棚便于拆装、移动的要求,将暖棚骨架设置成 2.8m 宽焊接网片,网片与网片之间拼接采用螺栓连接,四周设置钢绞线对暖棚进行固定。因冬季哈秀地区雪量较大,将暖棚设计成坡屋顶,最高处 6m、最低处 5m,以便于清理积雪。室内保温供热每个房间设置一台炉子,每户民居需约 4~5 台。暖棚搭设如图 8 所示。

基础施工暖棚

主体结构暖棚

墙体保温

室内加热炉具

图 8　暖棚搭设

7　技术经济指标分析

7.1　主要材料用量分析

本项目中砖混结构和 CL 结构形式的原材料用量统计对比见表 5 所列。

结构形式（层数）	钢筋用量（kg/m²）	水泥用量（kg/m²）	砌体用量（m³/m²）
砖混结构（1）	37.3	296.8	0.77
CL 结构（1）	43.8	386.9	0

结论：由此可见，CL 建筑结构体系钢筋用量和水泥用量高于砖混结构，砌体用量为零。

7.2 结构自重分析

本项目中砖混结构和 CL 结构形式体系自重对比分析见表 6 所列。

两种结构主体自重对比分析（不计活载）（kg/m²）   表 6

结构形式	外墙	内墙	隔墙	梁板柱	均重	均重对比
砖混结构	524	524	296	350～400	1700～1900	2.1
CL 结构	350	350	80	350～400	800～900	1.0

结论：由此可见，CL 建筑结构体系自重低于其他结构。

7.3 工程造价分析

本项目按不同结构形式以《青海省建筑工程预算综合基价》为依据进行工程预算所显示结果，见表 7 所列。

不同结构形式土建造价对比   表 7

结构形式	砖混结构（单层）	框架结构（多层）	CL 结构（单层）
土建造价（元/m²）	1650	1850	1810

结论：由此可见，CL 建筑结构体系造价高于砖混结构，略低于框架结构。此造价高，这是由玉树当地材料运输、人工费用、机械费的多种差异因素造成的。

7.4 净使用面积分析

本项目中砖混结构和 CL 结构形式净使用面积对比见表 8 所列。

两种结构形式实际使用面积对比分析（mm）   表 8

结构形式	层数	外墙厚度（墙厚＋保温＋抹灰）	内墙厚度（墙厚＋保温＋抹灰）	隔墙厚度（墙厚＋抹灰）	使用面积系数
砖混结构	单层	240＋60＋30	240＋40	120＋40	75.1%
CL 结构	单层	80＋100＋60	80＋100＋60	40＋40＋40	82.4%

结论：由此可见，CL 建筑结构体系可以比砖混结构增加实际使用面积 7.3%。

7.5 施工进度分析

本项目中砖混结构和 CL 结构形式施工进度对比见表 9 所列。

两种结构形式结构施工进度对比分析（天）　　　　　表 9

结构形式	基础	主体墙体	梁、板	总天数
砖混结构	1	2	1.5～2	5
CL 结构	1	1	1.5～2	4

结论：由此可见，CL 建筑结构体系可以比砖混结构施工速度快。

8　结论

通过对 CL 体系民房工程的施工和课题研究，我们掌握了 CL 墙体板材立板安装控制措施、高海拔缺氧地区喷射混凝土施工技术、冬期施工保温技术等，对高海拔、高寒缺氧地区施工积累了经验。

CL 体系民房施工操作方便，对施工场地要求不高，适用性广泛，施工速度快。CL 体系复合墙板材料彻底取代黏土制品及其他砌体材料，节约了能源，减少大气污染，体现了绿色施工环境保护。CL 体系墙体材料主要部分在工厂批量生产，产业化规模化建造，提高了生产效率。具有良好的抗震性，结构比重轻，受震破坏危害小，适合地震灾害频发地区建筑物的建造。具有良好的经济效益和社会效益，在类似工程中值得推广应用。

改进建议：在节能保温方面，尚存在部分冷桥，比如钢丝网穿透保温板部位可进一步改进。对于环保要求高的地区，可实施复合墙板工厂预制，现场拼装，加大标准化施工程度。

推广应用：目前，CL 体系已经开始在多层、高层建筑中应用，目前层数最高的为 23 层。作为一种新兴建设体系，CL 体系经过进一步完善，合理使用，会有很大的发展空间和市场。

参考文献

［1］　青海玉树哈秀灾后恢复重建民房设计施工图.
［2］　青海玉树哈秀灾后恢复重建地质勘察报告.
［3］　中国建筑科学研究院. GB 50204—2002 混凝土结构工程施工质量验收规范. 北京：中国建筑工业出版社，2002.
［4］　DB 13(J)43—2006 CL 结构设计规程.
［5］　闫复华，孔德超，侯和涛 . CL 结构体系设计和施工中存在的问题与改进措施 . 新型建筑材料，2008(05).
［6］　苏晓梅 . 环保节能建筑 CL 结构体系施工技术[J]. 河北煤炭，2009，(01).

天津国际贸易中心工程阻尼器施工技术

熊小堂　李海泳　卞慧丽

（中建三局第二建设工程有限责任公司）

【摘　要】　随着建筑技术和施工技术的不断提高，建筑物逐渐呈超高层、密集型的趋势不断发展，然而超高层建筑柔性较大，抗风抗震能力需得到格外关注。在对粘滞阻尼器与软钢阻尼器的抗震原理进行分析研究的基础上，结合天津国际贸易中心工程项目，对这两种阻尼器在施工过程中的应用技术情况作了简要分析，为未来我国超高型建筑的设计及建造提供参考依据。

【关键词】　超高层建筑物；粘滞阻尼器；软钢阻尼器；工程应用；抗震

1　引言

我国是一个台风和地震多发的国家，建筑物在大风和强震作用下应保证有足够的耗能能力，才能避免发生破坏。传统的抗风和抗震结构是通过结构及其承重构件的损坏来消耗能量，并导致建筑物发生一定程度的损伤甚至倒塌，这是不合理也是极不安全的，因此，对结构物抗震及其推广应用变得十分重要。

当代一种新的主动抗震防灾技术是结构物消能减震技术，采用此减震的结构物中，某些非承重构件被设计成具有较大耗能能力的特殊元件——阻尼器，其功效：小风小震时，结构本身具有足够的侧向刚度以满足使用要求，结构处于弹性状态；大风大震时，随着结构侧向变形的增大，阻尼器率先进入非弹性状态，产生较大阻尼，集中地耗散结构的风振或地震能量，快速衰减结构的振动反应，从而减小或避免主体结构物的损伤。而消能减震的关键就是研制出简便又实用的消能减震设备——阻尼器。

本文着重论述了粘滞阻尼器、软钢阻尼器原理，并结合天津国际贸易中心项目，分析各塔楼阻尼器设计方案的选择、安装位置、连接形式及实际工程应用。

2　阻尼器应用原理

鉴于超高层建筑物受振动影响较大，稳定性较差，安全问题需要得到格外重视，而阻尼器的消能减震效果显著，目前国内外已研制出大量的阻尼器，其中最为突出的是粘滞阻尼器和软钢阻尼器，且它们在实际工程中的应用前景也极为广阔。

粘滞阻尼器的原理是粘滞流体材料在通过节流孔时产生粘滞阻力[1]，是一种速度相关性的阻尼器。这种阻尼器的优点是：尺寸小、冲程和输出力大，对温度和激振的频率不敏感，拥有较好的可靠性和耐久性。

软钢阻尼器的工作原理基于能量守恒定律，是通过结构被动控制时进行耗能减震的装置，在风振或地震时，结构中的能量通过使软钢发生变形消耗能量从而达到减震的目的。软钢阻尼器通常通过安装在主体结构的交叉支撑、人字形支撑等重要承重构件上来形成耗能减震体系。

3 工程概况

天津国际贸易中心由 A、B、C 三座塔楼组成，如图 1 所示，其为天津小白楼中央商务区的地标性建筑，且结构物自身体量较大，加上未来周边高层建筑物密集分布，造成局部建筑物风环境恶化，对整体建筑物的建造、使用功能和安全性带来不利影响。A 塔楼是典型的超高层钢结构建筑，其高度为 235m，结构中采用了粘滞阻尼器，通过减小框架柱及剪力墙的截面来提高结构的舒适度；而 B、C 塔楼核心筒和框架结构，其高度分别为 156.6m 和 157.5m，采用了软钢阻尼器来提高抗风减震的能力。

图 1 天津国际贸易中心 A、B、C 塔楼全景图

4 阻尼器施工

4.1 粘滞阻尼器在 A 塔楼中的施工应用情况分析

天津国际贸易中心 A 塔楼地上共 60 层，总高度为 235m，属于超高层阻尼器建筑，A 塔楼结构的安全等级为二级，设计使用寿命为 50 年。结合结构规范的相关标准，以及建筑物结构设计的限制要求，经过结构优化设计后，分别在 A 塔楼的 12 层、28 层及 44 层内（图 2）布置 4 套 Taylor 液体粘滞阻尼器（如图 3 所示，共 12 套）来改善结构的动力特性，安装位置见相关结构图。

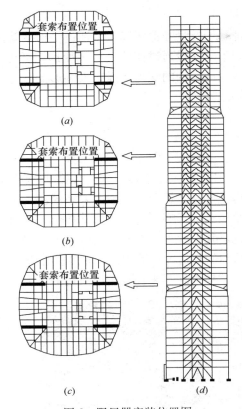

图 2　阻尼器安装位置图

(a) 44 层；(b) 28 层；(c) 12 层；(d) 立面布置

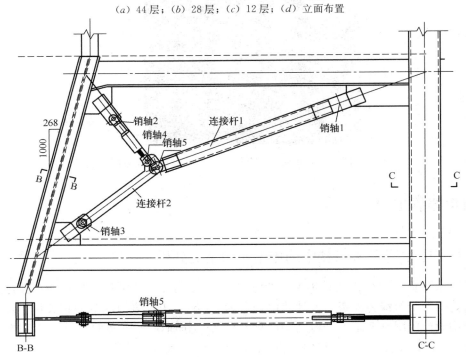

图 3　A 塔楼立面及平面图

4.1.1 粘滞阻尼器在A塔楼的安装特点及难点

在A塔楼的实际建造过程中，遇到许多困难，其特点为：A塔楼阻尼器现场无起重设备，安装精度高，需要焊接大部分为中厚板，存在大量仰焊，且板厚较大，焊接难度大。难点：控制焊接变形、减少残余应力和防止层状撕裂以及选择合理的安装方法和焊接方法。

为安全且有效的进行施工、建造，针对本项目的特点与难点，其施工对策：（1）焊接时尽量选用热输入量小的焊接方法，如 CO_2 气体保护焊接；（2）选择正确的焊接顺序（控制焊接变形）；（3）提高焊接一次合格质量，减少焊缝返修率；（4）严格按照规范中或者工艺中的控制焊前温度和层间温度；（5）选择合理的安装方法及吊装方法；（6）起重点不在上层钢梁上生根，尽可能减少对已完工的防火涂料及混凝土的破坏。

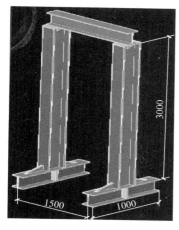

图4　自制吊装架

4.1.2 粘滞阻尼器的吊装

A塔楼采用胎架支撑，吊装采用手拉捯链进行，捯链固定点设在自制吊装架上，如图4所示，起吊后用胎架支撑，固定好后进行焊接。

胎架所用型钢为工字钢Ⅰ20a，在用胎架吊装前先将胎架两侧用缆绳固定，安装前将各层左下角处相应长度的楼板刨除，露出梁面，以便安装。同时，楼板的开凿与恢复需要格外注意：（1）在阻尼器安装施工前应提前将相应位置楼板、防腐、防火涂料剔除；用风镐将左下角处相应长度的混凝土剔除，并将楼板钢筋及压型钢板割除露出相应面积的钢梁面。（2）在阻尼器安装施工全部完成后，恢复开凿部位的楼板，开凿部位重新布置板筋，使用与原楼板相同规格的钢筋与原楼板钢筋搭接焊，搭接焊长度不小于双面焊 $5d$。（3）钢筋绑扎焊接完成后，支吊模，再浇筑混凝土，混凝土强度与原楼板相同。

4.1.3 施工步骤

（1）吊装捯链安装固定如图5所示。

（2）阻尼器吊装定位如图6所示。

图5　吊装捯链安装固定

图6　阻尼器吊装定位

（3）阻尼器与钢柱焊接固定如图7所示。

（4）粘滞阻尼器安装完成如图8所示。

图 7　阻尼器与钢柱焊接固定　　　　　图 8　阻尼器安装完成

4.2　软钢阻尼器在 B、C 塔楼中的施工应用情况分析

B、C 塔楼阻尼器为软钢阻尼器，B 塔楼在 11~27 层，C 塔楼在 18~36 层剪力墙中安装，每层 4 套，剪力墙预埋埋件，每套埋件分上下预埋，埋件由钢板及钢筋围焊组成，阻尼器上下与预埋件上下焊机连接。阻尼器与埋件焊接为组合焊缝，需全部探伤。

4.2.1　软钢阻尼器在 B、C 塔楼的安装特点及难点

B、C 塔楼阻尼器为主体结构施工完成后安装，阻尼器需与埋板进行焊接，存在焊接变形风险，且安装精度高，现场安装难度大，需做好成品保护工作。其施工对策可参考粘滞阻尼器。

4.2.2　软钢阻尼器的吊装方法

B、C 塔楼安装阻尼器时，用塔吊将已拼装完成的阻尼器吊装至相应楼层，然后用自制吊装架将阻尼器就位，并安装定位钢板，保证安装精度。

4.2.3　施工步骤

（1）制作阻尼器拼装胎膜如图9所示。

图 9　阻尼器胎膜制作

（2）首先拼装下预埋板，埋板与阻尼器利用夹具进行固定，焊接埋板与阻尼器时，需

要在阻尼器上包裹焊接防火布，避免焊渣溅射到阻尼器上，造成局部损伤，焊接过程中，采用对称三层焊（对称点焊，第一遍对称埋焊，第二遍对称埋焊），在连续焊接过程中应控制焊接区母材温度（图10～图13）。

图 10　夹具固定　　　　　　　　　　　　图 11　包裹防火布

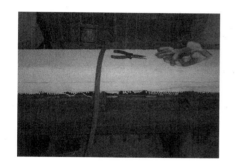 

图 12　阻尼器对称点焊　　　　　　　　　图 13　阻尼器焊接完成

（3）剪力墙主筋安装完，按照已测放好的定位轴线和标高将阻尼器的上下定位套板与主筋点焊，安装完成后，用槽钢对其进行固定，最后浇筑混凝土（图14、图15）。

图 14　阻尼器安装　　　　　　　　　　　图 15　混凝土浇筑完成

5　结语

天津国际贸易中心项目因其处于多震和风振影响因素较大区域，而且作为典型的超高层建筑，需格外注重其抗震能效，因此它是我国首次同时使用粘滞阻尼器和软钢阻尼器的项目。其中，A塔楼通过运用了粘滞阻尼器优化结构设计，抗震能力得到明显改善，且很好地提高了建筑的舒适度；B、C塔楼则使用了软钢阻尼器增强了建筑物的抗风减震的能力。各式阻尼器虽然已经逐渐在国内外建筑物中开始得到有效运用，但随着建筑物呈超高型和密集型发展趋势，因此阻尼器的普及、优化及升级已经越来越成为一种必然的趋势，且迫在眉睫，所以本文在对阻尼器理论分析阐述的基础上，紧密联系实际项目中的应用情况，对粘滞阻尼器及软钢阻尼器进行了简要分析和工程应用介绍，为我国未来高层建筑的设计及施工提供了参考和借鉴。

参考文献

[1] 周云. 粘滞阻尼减震结构设计[M]. 武汉：武汉理工大学出版社，2006：212.

[2] Reinhorn A M，Li C，Constantiou M C. Exprimental and Aanlytical Investigation of Seismic Retrofit of Strctures with Supplemental Damping：Part I-Fluid Viscous Device[R]. TechenichalReoort NCEER-95-0001，National Center for EarthquakEegnieer Research，Buffalo，NY. January 3，1995.

[3] NicosMakris，Constantinou M C. Fractional-Derivative Maxwell Model of Viscoelastic Fluid Dampers [J]. Journal of Structural Engnieering，1991，119 (11)：23-34.

[4] NicosMakris，Dargush G F. Constantiou M C. Dynamic Analysis of Generalized Viscoelastic Fluids [J]. Journal of Structural Mechanics，1993，119 (8)：134-150.

[5] Dougas P. Taylor，M. C. Constantiou. Fluid Dampers for Application of Seismic Energy Dissipation，Tayor Devices Inc.

[6] NgaiYeung. Viscous-damping wall for conteolling wind-induced vibrations in buildings. [PH. D. Thesis]. HongKong：The University of HongKong，2000.

[7] 欧进萍，吴斌，龙旭. 结构被动耗能减震效果的参数影响[J]. 地震工程与工程振动，1998，18(1).

[8] 阎维明，周福霖，谭平. 土木工程结构振动控制的研究进展[J]. 世界地震工程，1997，13(2)：8-20.

[9] 翁大根，卢著辉，徐斌等. 粘滞阻尼器力学性能试验研究[J]. 世界地震工程，2002，18(4)：30-34.

[10] 陈永祁，曹铁柱. 液体粘滞阻尼器在盘古大观高层建筑上的抗震应用[J]. 钢结构，2009，8：39-46.

[11] 张志强，李爱群，何建平等. 地震作用下合肥电视塔粘滞阻尼器减震的优化参数分析[J]. 工程抗震，2004，(2)：39-45.

[12] 陈道政，李爱群，张志强等. 西安某科研楼顶钢结构塔楼减震控制研究[J]. 建筑科学，2004，20(3)：18-28.

[13] Yao J T P. Concept of StructureControI. JournaI of the Structure Division，ASECE，1972，98 (7)：1 567-1 574.

[14] KeIIy J M，Skinner R I，Heine A J. Mechanisms of Energy Absorption in Speciai Devices for Use in Earthguake Resistant Structures. Buiietin of New ZeaiandNationai Society for Earthguake Engineering，1972，5(3)：63-88.

[15] Skinney R I，Keiiy J M，Heine A J. Hysteresis Dampers for Earthguake Resistant Structures. Earthguake Engineering and Structurai Dynamics，1975，3：287-296.

[16] Tyier R G. Tapered Steei Energy Dissipators for Earthguake Resistant Structures. Buiietin of New ZeaiandNationai Society for Earthguake Engineering，1978，11(4)：282-294.

[17] 王光远. 高耸结构风振控制. 高耸结构学术交流会论文集，1980.

［18］　高健章，叶瑞孝. 含金属消能片斜撑之研究. 中国土木水利学刊，1995，7(1).

［19］　欧进萍，吴斌. 组合钢板耗能器——一种新型耗能减震装置. 地震工程与工程振动，1997，（3）：32-39.

［20］　邢书涛，郭迅. 一种新型软钢阻尼器力学性能和减震效果的研究. 地震工程与工程振动，2003，（12）：179-186.

TFT-LCD 项目"夹芯复合板、波纹板"幕墙施工技术

任 伟 戴立红 段 雄 齐文超 位帅鹏

（中建三局集团有限公司）

【摘 要】 第 8.5 代薄膜晶体管液晶显示器件（TFT-LCD）项目外墙幕墙主要采用金属夹芯板和金属波纹板幕墙，金属夹芯板可保证各楼墙面的整体统一，金属波纹板幕墙可以丰富立面效果，都能保证整体建筑的保温节能要求。本文详细介绍了金属夹芯板和金属波纹板幕墙的施工方法。

【关键词】 金属夹芯板和金属波纹板幕墙；化学螺栓；EPDM 橡胶密封条；保温岩棉；防水透气膜

1 工程概况

第 8.5 代薄膜晶体管液晶显示器件（TFT-LCD）项目，金属夹芯板幕墙主要分布在 1 号建筑（阵列厂房）、2 号建筑（成盒及彩膜厂房）、3 号建筑（模块厂房）、4 号建筑（化学品供应车间）和 5 号建筑（综合动力站）建筑面积约 108084m²。波纹板主要分布在 4 号建筑（化学品供应车间）和 5 号建筑（综合动力站）全部，部分分布在 3 号建筑（模块厂房），少量分布在 1 号建筑（阵列厂房）和 2 号建筑（成盒及彩膜厂房），波纹板工程量约 38966m²。

2 "夹芯复合板、波纹板"幕墙系统介绍

第 8.5 代薄膜晶体管液晶显示器件（TFT-LCD）项目外墙幕墙主要采用金属夹芯板和金属波纹板幕墙。现将两种幕墙系统介绍如下：

2.1 金属夹芯板系统

2.1.1 材料介绍

面材：50mm 厚金属夹芯板纯平板；0.49mm 厚防水透气膜；50mm 或 100mm 厚超细玻璃棉；0.25mm 厚隔汽膜；8mm 厚双层 FC 板；龙骨：竖向采用 Q235B 级镀锌钢方通，横向无龙骨。

2.1.2　系统所在的位置及作用

用于一般区域平板墙面，可保证各楼墙面的整体统一，板后加铺隔热保温棉，能保证整体建筑的保温节能要求。

2.2　波纹板系统

2.2.1　材料介绍

面材：0.8mm厚镀铝锌氟碳喷涂低波纹彩钢板；50mm厚金属夹芯板；0.49mm厚防水透汽膜；100mm厚超细玻璃棉或防火岩棉；0.25mm厚隔汽膜；8mm厚双层FC板；龙骨：竖向采用Q235B级镀锌钢方通，横向无龙骨。

图1　金属夹芯板和波纹板系统

2.2.2　系统所在的位置及作用

用于一般区域楼层层间装饰带和部分装饰墙面，丰富了立面效果，板后加铺隔热保温棉，能保证整体建筑的保温节能要求（图1）。

3　工程特点、重难点及对策

3.1　工程特点

常规金属夹芯复合板多采用双边折边设计。本工程采用四边折边设计，非插接方向也进行了金属板折边处理，加强了板面强度，增强了金属夹芯板的密闭性能。但这个设计为金属夹芯复合板的生产也带来了考验，需采用特殊工艺满足本工程的设计要求。

3.2　工程难点及对策

（1）阴阳转角、不同幕墙交界面位置复合钢板的设计与施工是确保工程竣工效果及工程质量的关键点。容易出现钢板表面不平整、转角角度偏差，由于此处施工不当也易成为外墙密闭、保温的薄弱点。

对策：一方面，对外立面进行深化设计设置伸缩缝，在外墙的设计安装中需同时重点考虑此部位的伸缩设计及密封性能设计。因伸缩缝构造的特殊性，外墙在此部位需采用可活动连接设计，同时因本工程建筑使用功能的特殊性，必须确保密闭性能。另一方面，为保证板材强度，岩棉纤维板材的走向应垂直于夹芯板上下表面，这就需要工厂将整块岩棉切割成小条块，调整岩棉排布方向，使其纤维走向垂直夹芯板上下表面，从而保证板材强度。岩棉通过高强度胶水粘结在上下层钢板上。为保证粘结强度，胶水需平稳、连续的输出。而且，在一定的高温环境中发酵后更能保证胶水的粘结力。

（2）金属夹芯板采用的50mm厚夹芯板，波纹板为低波纹板，板厚仅22mm，两种板材均为直接固定在钢龙骨上，两板交接处会造成一定的板面高度差，给该部位的收边造成较大的困难。

对策：金属夹芯复合板采用横向安装方式，竖向填塞 EPDM 橡胶密封条，因此金属夹芯复合板四个板块交接处的十字缝的横平竖直是金属夹芯复合板施工质量控制的关键。

4 施工工艺

施工工艺流程如图 2 所示。

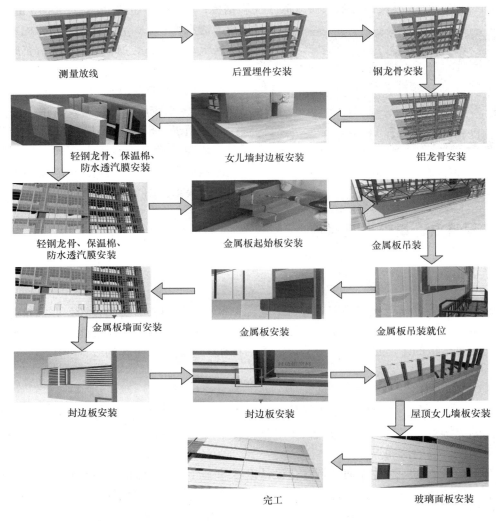

测量放线 → 后置埋件安装 → 钢龙骨安装

轻钢龙骨、保温棉、防水透汽膜安装 ← 女儿墙封边板安装 ← 铝龙骨安装

轻钢龙骨、保温棉、防水透汽膜安装 → 金属板起始板安装 → 金属板吊装

金属板墙面安装 ← 金属板安装 ← 金属板吊装就位

封边板安装 → 封边板安装 → 屋顶女儿墙板安装

完工 ← 玻璃面板安装

图 2 工艺流程图

5 施工方法

5.1 施工准备工作

因为金属夹芯板、波纹板施工是一种新的施工技术，在施工前一定要根据工程情况和

建筑性质编制可行的施工计划。在大面积施工前，要求先做样板间，在验收合格后方可施工，同时具备以下条件：

（1）主体结构工程已完成，并验收合格。

（2）安装用基准线和基准点已测试完毕。

（3）预埋件、连接件或主龙骨C形钢加工完成经过检查符合要求。

（4）安装需用的吊篮（脚手架）或相应的吊装装置设施已达到要求。

（5）所需材料和装配设备已齐备。

（6）安装前制定相应的安装措施并经专业人员认可。安装时必须由专业人员指导技术交底。

5.2　施工工艺

5.2.1　墙体放线、定位

根据设计图纸、主体轴线，确定板块的分割尺寸，在墙体上放出埋件、龙骨的尺寸，在地面放出龙骨完成面、复合板波纹板完成面尺寸。

5.2.2　安装后置埋件

在弹好线的墙体上确定埋板的位置（标高），后置埋件采用化学螺栓配置钢板方案，化学螺栓不得与后置埋板焊接连接；化学螺栓要进行现场拉拔试验检测，并报监理验收及做好相关记录及文档。化学螺栓施工流程如图3所示，埋板安装如图4所示。

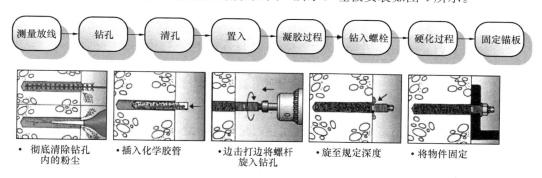

图 3　化学螺栓施工示意图

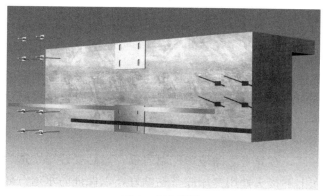

图 4　埋板安装

131

5.2.3 主龙骨安装

（1）将连接支座与埋件用螺栓连接，支座再通过不锈钢螺栓与龙骨立柱相连接，根据控制线对立柱进行调整、固定。按立柱轴线及标高位置将立柱标高偏差调整至不大于3mm，轴线前后偏差调整至不大于2mm，左右偏差调至不大于3mm，微调结束后要把支座与埋件、支座与立柱之间的连接螺栓拧紧，避免出现螺栓松动现象导致框架破坏。

（2）相邻两根立柱安装标高偏差不大于3mm，同层立柱的最大标高偏差不大于5mm。

（3）竖向龙骨的安装顺序：龙骨的安装工作，是从结构的底部向上安装，待埋件的安装校核完毕后就可进行。先对照施工图检查檩条的尺寸及加工孔位是否正确，然后将副件、芯套、副支座安装上立柱。立柱与支座接好后，先放螺栓，调整立柱的垂直度与水平度，然后上紧螺栓，相邻的立柱水平差不得大于＋1mm，同层内最大水平差不大于2mm（图5）。

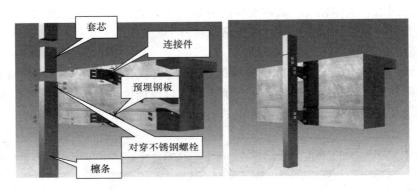

图5 主龙骨组合

（4）立柱找平、调整

立柱的垂直度可用吊锤控制，平面度由两根定位轴线之间所引的水平线控制。安装误差控制：标高：±3mm、前后：±2mm、左右：±3mm。该工程的立柱为每层楼一根，设两个支撑点，立柱为吊装，上下立柱的连接用芯套，上下之间可自由伸缩。

5.2.4 外墙层间防火封堵

在立梃安装完后，调整好立面平面开始安装层间封堵，首先在要安装的梁底梁面放线，试装防火板，做好需要开口部位记号，一切就绪后用火力射钉将防火板固定在梁底梁面，放好防火棉，防火板板缝封堵防火胶（图6）。

5.2.5 轻钢龙骨安装

安装完立梃调整好立面平面后，安装轻钢龙骨，严格按照图纸安装，在轻钢龙骨受力点量尺放线，调好立面垂直度点焊或螺栓固定。安装完成自检，报项目部验收，报监理验收，并做好相关记录及文档。

5.2.6 保温岩棉、防水透汽膜安装

轻钢龙骨安装好后，在龙骨之间填塞保温岩棉，然后安装防水透汽膜，防水透汽膜由下至上顺序安装，在上下接头处用专用胶带粘贴好，以保证防水透汽效果。在屋顶女儿墙处需折弯至背立面，并用专用胶带粘贴在基层上，以防止松动及雨水进入。安装完成需报

监理验收并做好相关记录及文档（图7）。

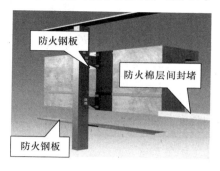

图6 层间封堵

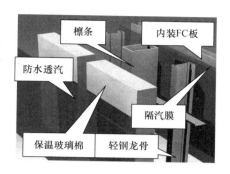

图7 保温岩棉、防水透汽膜安装

5.2.7 波纹板安装

波纹板易变形须采用现场压制按需生产，波纹板安装前必须是隐蔽工程验收合格后方可进行，严禁未验收就进行安装。基层完成后安装波纹板，首先放好垂直线，安装两端底槽，底槽固定螺栓间距不得超过500mm，底槽固定后安装波纹板。波纹板由下至上顺序安装，波纹板采用捯链吊装，在吊装波纹板时用绳索控制两端，稳定板块旋转，以免擦伤板块，板块吊至安装区域后由吊篮安装工控制落位，有窗洞处及玻璃幕墙收口处，需预先量好尺寸，在地面按照量好尺寸加工好后吊装安装，严禁在吊篮上加工。板块安装完成后安装板与板之间的盖板，盖板安装必须垂直对齐，保证外观平整。安装完成后做好成品保护，以防止损伤（图8）。

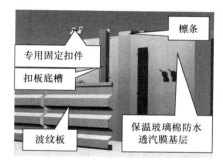

图8 波纹板安装过程

5.2.8 金属夹芯板安装系统

金属夹芯板由工厂加工完成后运往施工现场，安装前必须是隐蔽工程验收合格后方可进行，严禁未验收进行安装。做好安装前的相关准备，金属板的安装按照从下至上的顺序，吊好垂直线作安装垂直指引，由于板块两端无凹凸槽，纵向任何一个方位都可独立安装，竖向首先在起始位置固定好支托及角码，支托必须水平，两端预留20mm缝隙，由下至上顺序安装。金属夹芯板采用捯链吊装，在吊装金属夹芯板时用绳索控制两端，稳定板块旋转，以免擦伤板块，板块吊至安装区域后由吊篮安装工控制落位，有窗洞处及玻璃幕墙收口处，需预先量好尺寸，在地面按照量好尺寸加工好后吊装安装，严禁在吊篮上加工。板块安装完成后安装板与板之间的压板，压板安装必须上下对齐，保证垂直及美观。安装完成后做好成品保护，以防止损伤（图9）。

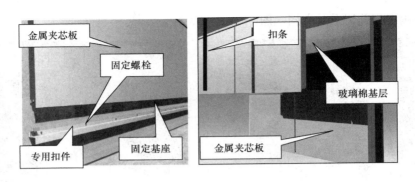

图 9　金属夹芯板安装过程

5.2.9　收边收口

金属夹芯板、波纹板安装完成后开始收边收口安装，收边收口安装注意水平、垂直、放坡排水等，安装固定螺栓间隔不能超过 300mm，安装完成后用硅酮耐候密封胶密封檐口及板缝，安装完毕做淋水实验，保证密封性能和防水性能，并做好表面卫生及防护。

本工程采用特制转角板，门窗洞口采用铝合金型材收边，所有板材开洞在工厂预制，女儿墙盖帽采用箱形结构，整个金属墙面项目可以全面采取四面企口形式，这些技术工艺较大地提高了美观度和防水要求。

（1）金属夹芯板阳角处理

在金属夹芯板阳角位置处，采用整板设计，工厂预制加工运至施工现场，保证板面平整及顺直度。金属夹芯板阳角处理方式如图 10 所示。

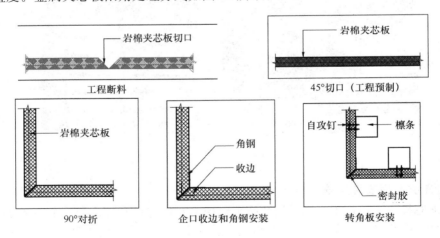

图 10　金属夹芯板阳角处理

（2）金属夹芯板阴角处理

安装程序：安装内转角衬板→纵接缝固定底板→第二起始定位板→金属夹芯板→护条及密封胶。

首先安装内转角衬板，接着安装纵接缝固定底板，在底板背面的槽形处填入防火棉，纵接缝固定底板的下端需重合在泛水板上，纵接缝的固定螺栓间距 1000mm，螺栓固定后粘贴密封带，密封带需盖住螺栓钉口。然后将第二起始定位板固定在檩条上，固定螺栓间距 450mm。在阴角位置采用起始定位一体式泛水板，切开起始支撑部位，并竖起被切开的部分，使之与纵接缝固定底板重合安装。自下而上安装金属夹芯板，安装护条、密封带，施打耐候胶。阴角安装完成（图 11）。

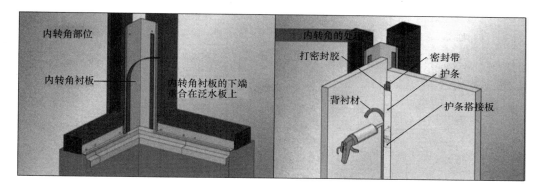

图 11　金属夹芯板阴角处理

（3）金属夹芯板与波纹板交接处理

金属夹芯板采用 50mm 厚夹芯板，波纹板为低波纹板，板厚仅 22mm，两种板材均为直接固定在钢龙骨上，两板接处会造成一定的板面高度差，给该部位的收边造成较大的困难，为保证该部位防水及立面造型效果，特设计了两套防水封堵收边型材，对波纹板夹芯板的上下口分别进行封堵，使各部位收边型材均朝下设置，杜绝了水从上部落入的可能，达到完美的防水效果，同时型材的外立面尺寸与竖向包边型材保持一致，实现立面的完整统一。

（4）金属夹芯板四边包边处理

本项目板面较大，板块空间跨度较大，常规双边折边金属夹芯板在强度方面较难满足，设计采用四边包边金属夹芯板，在非插接方向也进行了金属板折边处理，使夹芯板强度得到了很大的提高，同时这种板型在隔热保温方面也较双边折边夹芯板要好。

5.3　夹芯复合板及波纹板外墙施工保证措施

5.3.1　铺设金属板方向

金属板应由下至上顺序铺设，纵向没有特殊方向要求，只要从一侧向另一侧依次铺设或选定一个轴线即可。

5.3.2　金属板施工控制要点

金属板施工控制要点见表 1 所列。

金属板施工控制要点一览表　　　　　　　　　　　　　　　　　　表 1

控制阶段		控制要点	责任人	主要控制内容	工程依据	工作见证
施工准备过程	1	设计交底	项目总工	了解设计意图、提出问题	设计文件	设计交底记录
	2	图纸会审	项目总工	对图纸的完整性、准确性、合法性、可行性进行会审	施工图	图纸会审记录

控制阶段		控制要点	责任人	主要控制内容	工程依据	工作见证
施工准备过程	3	施工组织设计（施工方案）	项目总工	按规定组织编制报审	图纸及国家技术标准、验收规范	批准的施工组织设计或方案
	4	作业指导书	专业施工员	按规定组织编制报审	图纸及国家技术标准、验收规范	批准的作业指导书
	5	各专业提出需用计划	项目总工	编制、审核、报批	图纸、规范、定额	物资需用量计划和机具计划
	6	设备材料进场计划	项目总工	编写物资平衡计划组织进货	物资需用量计划	物资购置计划
	7	材料验收	保管员、材料检验员及专业技术员	审核质保书、清查数量、检查外观质量、检验和试验	采购合同、物资需用量计划	材料验收单
	8	材料保管	保管员	分类存放、建账、立卡	验收单	进出料单
	9	材料发放	保管员	核对名称、规格、型号、材质、合格证	物资需用量计划	领料单
	10	机具配置进场	机具员	设备完好情况	机具计划	施工机械设备验收清单
	11	特殊作业人员	项目总工程师	审核操作证	政府有关规范	资格证书
	12	工程开工	项目经理	确认具备开工条件	施工准备工作计划	批准的开工报告
施工生产过程	13	技术交底	专业工程师	设计意图、规范要求、技术关键	图纸、施工方案、评定标准	技术交底记录
	14	基础验收	项目技术人员	复测尺寸	图纸、规范	复测记录
	15	设计变更材料代用	专业工程师	办理、确认、下达、执行	设计变更通知单	竣工图
	16	作业过程	专业工程师	按工艺文件要求进行施工，特殊过程进行进程能力鉴定	图纸、规范、工艺文件	各项过程施工记录
	17	隐蔽工程	专业工程师	隐蔽内容、质量情况	图纸、规范	隐蔽工程记录
	18	最终检验和试验	专业工程师	按照最终检验和试验计划的规定进行	最终检验试验计划	单位工程质量评定表及有关记录
交工验收阶段	19	交工验收资料整理	交工领导小组	预验收、工程收尾审核资料准确性	规范	交工资料
	20	办理交工	交工领导小组	组织工程交工、文件和资料归档	图纸、规范、上级文件	交工验收证书

5.3.3 金属板施工检查

为确保项目工程质量，采用三检制度严格控制施工质量，每道工序完成后，班组作业人员先按照标准、规范进行自检。然后交下道工序班组进行交接检，合格后通知质量检查员进行专检。专检合格后，质量检查员填写质量检查记录，报监理业主检查，监理对工序检查资料签字认可后进行下道工序施工。质量检查控制点见表2所列。

质量检查控制要点一览表   表 2

序号	检查内容	检查方法	依据标准	工作见证
1	测量放线	用经纬仪检查	图纸及国家技术标准、验收规范	自检记录
2	埋板安装	目测尺量	图纸及国家技术标准、验收规范	自检记录
3	檩条安装	经纬仪/水准仪	图纸及国家技术标准、验收规范	自检记录
4	轻钢龙骨安装	目测尺量	图纸及国家技术标准、验收规范	自检记录
5	铝材安装	目测、尺量	行业质量标准、质量验收规范	自检记录
6	防水透汽膜安装	目测	国家技术标准、施工质量验收规范	焊接记录
7	钢板安装	尺量	行业质量标准、施工质量验收规范	自检记录
8	收边、收口	目测	行业质量标准、国家技术标准、质量验收规范	自检记录
9	压板安装	目测、尺量	国家技术标准、施工质量验收规范	自检记录
10	细部构造	目测、尺量	行业质量标准、国家技术标准、质量验收规范	自检记录
11	建筑外观	目测	国家技术标准、施工质量验收规范	自检记录

隐蔽工程等主要过程，在工程隐蔽前，质量检查员检查认可后，还应请业主代表、监理单位检查认可，并会签"隐蔽工程检查记录"，监理、业主代表在工程隐蔽资料上签字认可后方可进行下道工序施工。

6 实施效果

"夹芯复合板、波纹板"幕墙施工技术在第8.5代薄膜晶体管液晶显示器件（TFT-LCD）项目，1号建筑（阵列厂房）、2号建筑（成盒及彩膜厂房）、3号建筑（模块厂房）、4号建筑（化学品供应车间）和5号建筑（综合动力站）得到成功应用，不仅保质保量地完成施工任务并且取得了参建各方的一致好评，创造了良好的经济效益和社会效益（图12～图15）。

图 12　1号建筑（阵列厂房）效果图

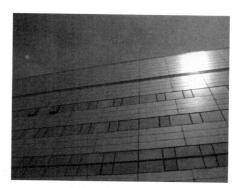

图 13　2号建筑（成盒及彩膜厂房）效果图

图 14　5 号建筑（综合动力站）效果图　　　　图 15　4 号建筑（化学品车间）效果图

7　结束语

　　"夹芯复合板、金属波纹板"幕墙一向在幕墙工程中占主导地位，轻量化的材质，削减了建筑的负荷，为高层建筑供给了优秀的选择条件；防水、防污、防腐蚀机能优良，保证了建筑外表面持悠长新；加工、运输、安装施工等都轻易实施，使其得到普遍利用；色彩的多样性及可以组合加工成不一样的外观外形，拓展了建筑师的设计空间；较高的机能价钱比，易于保护，利用寿命长。因此，金属板幕墙作为一种极富冲击力的建筑形式，倍受广大建筑师的青睐。

装饰工程施工质量管理与控制

仲柏宇[1]　宋立艳[2]　党淑凤[3]　刘宇斌[4]

（1、2、3. 北京城乡建设集团有限责任公司工程承包总部；4. 北京市顺义建筑工程公司）

【摘　要】　工程质量控制是一种全面性、过程性、纠正性和把关性的质量控制。只有严格对施工全过程进行质量控制，即包括各项施工准备阶段的控制，施工过程中的质量控制和后期竣工验收阶段的控制，才能实现项目质量目标。在装饰行业，由于装饰材料品种繁杂，而且装饰材料的更新速度快，相关标准的制定滞后于产品的更新速度，而且装饰材料的质量及档次相差悬殊，装饰工程所用材料规格、尺寸、颜色等又很大程度上受到业主主观因素的影响，因此，装饰施工材料的选择、材料质量控制、施工质量控制比较麻烦。在施工前期需要和业主对装修材料的材质、规格尺寸、色泽纹理等进行有效的沟通。材料进场前必须先报验，将业主同意的材料样品一式两份封样保存，一份留项目，一份留业主，在材料进场后，依样品及相关检测报告进行报验，报验合格的材料方能使用。采购人员在采购时，要根据工程需求，择优选择材料供货单位。要严格执行材料的检查验收手续，保证采购材料一次合格，避免因材料复试不合格而影响施工进度。为了便于管理，公司将各种材料的进场复试项目、取样规定、复试周期、进场日期、检验标准汇编成册，下发给材料员、质检员、施工员，做到各方各岗位对材料的预控。

【关键词】　装饰工程质量控制；关键特殊工序控制；成品保护控制

1　强管理、重落实、责任到人、强化监督

公司级项目管理实行的是目标管理。在工程开始前，公司会对具体项目从人员配备、成本计划、利润率、工期等项目制定出详细的部署方案，对项目的人员提出成本控制目标、质量目标、工期目标，人才培养目标，目标由公司级到项目级责任分别落实到个人头上，实现公司—项目共同承担。有责任就有义务，奖罚分明，利益共享。这样有利于调动公司及项目班子的积极性，从体制上保证工程各项目标的达成。

项目部在公司的直接管理下，在公司各项规章制度的控制下，负责单位工程整个运转机制的正常实施，包括实体工程的人员管理、培养、考核；材料认定、采购订货；各项机械设备供应、运转、维护；以及成本、质量的控制。公司级针对项目部的每个岗位，定岗定责。工程完工总结会对各岗员工进行综合评价。

关于人才的培养，公司长远发展离不开人才的储备。公司级制定人才的培养规划，项目部在工程实施期间要根据公司的规划，对各岗位人员进行定期培训，包括公司文化认同感的培训，个人岗位及专业技能培训等，保证各岗位人员保持对公司的各项制度贯彻、落

实及个人专业技能的提升。个人能力的提升能够更好地保证岗位职责的落实，从而保障整个项目的正常有效的运转。项目经理对整个项目班子的有效管理、技术质量部门对实体工程的质量进行有效管理、生产部门对施工进度进行有效管理、材料部门对材料质量、供货周期等进行有效的管理，保证各部门针对部门责任划分，按时、保质、高效的完成任务，提高项目部的竞争力。

2　完成各项施工部署、技术方案先行

2.1　项目班子人员配备

　　施工现场项目管理人员组成：项目经理、技术总工、生产经理、工长、技术员、质检员、材料员、预算员、安全员、实验员、资料员、行政管理员等岗位，各岗位人员数量配备根据工程规模、难易程度、工期进度等相应增减。项目经理作为公司在项目上的第一责任人，在公司工程部的领导下，组织本项目人员按照公司对各岗位人员的职责要求完成自身工作。针对人、材、机进行全面的管理。

2.2　劳务人员的配备

　　公司根据项目班子对自身项目实际情况的规划、分析而提出的劳动力需求计划、施工进度计划、材料进场计划、机械需求计划等。公司筹划各工种人员进场。进场后由项目部组织，对各工种进行相应岗位的安全培训、考核，技术交底，使工人认识作业过程的安全情况、工种的技术难点、重点以及质量要求的高低。从安全、质量、进度各角度落实到每位作业人员身上。

　　工程中需要有专业性很强的工程，由公司组织分包单位择优确认。分包确认后，交由项目部在公司制度要求下对其进行安全、质量、进度、文明施工的全方位管理，其管理责任落在项目班子身上。

2.3　技术先行

　　由项目总工组织相关人员，对施工蓝图进行细致的审查，将图纸中违反规范的问题、自相矛盾的问题、影响使用功能、原结构影响装修的问题、因施工难度较大难以实现的问题等进行汇总，汇总后的问题交由预算部门和生产部门，由总工组织各部门对图纸问题从成本、工期、施工各角度进行分析，提出针对性的修改方案，最终将修改方案交由建设单位、设计单位、监理单位进行共同分析、探讨，最终得出的结论性方案为现场实施方案。

　　项目部技术员在总工指导下，根据工程图纸、场地作业、工程的难点、特点等条件，汇同水、电各专业编制出切实可行的施工组织设计（包括：工程概况、施工部署、施工准备、主要工程的施工工艺、施工管理措施、经济技术指标、施工场地布置、人材机计划、岗位职责等）。以施组作为各专项方案的指导性文件，编制出各专项工程的专项施工方案。各工长根据其专业的专项方案编制针对劳务作业人员的技术交底。从技术角度为工程的顺利实施保驾护航。

2.4 施工材料的准备

材料的供应及时与否直接影响到工程的进展情况，为最大程度保证工期，针对材料的供应从以下几点入手：工长提料，工长应根据施组的总控计划结合施工现场进度情况，分批分步骤进行提料。针对需要进场复试的材料，由实验员编制试验复试计划，提供每种材料的进场复试周期，工长根据复试周期，提前组织材料进场。

2.5 施工机具的准备

装饰工程所用施工机具大致可分为手动工具及电动工具，手动工具由劳务班子自己提供，电工工具由材料员根据施组工具准备计划编制电动工具提料单，由公司采购部门统一采购，然后交由项目部管理，项目部配备专门电动工具维修管理员，对工具进行日常管理维修。各班组使用工具需有班组长写电动工具使用申请单，工程完工交付工具后方可退场。

2.6 施工现场的准备

工程招投标期前、签订合同后开工前，由项目经理组织技术部门、预算部门、生产部门对施工现场进行实地勘察，了解施工现场及周围环境，确认周围交通路线、场地维护、场地三通一平、水源、电源接驳点等情况。勘察后需与结构施工单位和建设单位办理场地移交单，全面接手现场管理。

3 工程施工过程控制

3.1 项目管理人员的控制

项目部施工管理人员由公司统一配备，由项目经理统一管理，按照公司制定的岗位责任制进行自己的工作，由公司人力资源部、项目经理、部门领导对其工作进行管理，每年年底组织项目管理人员的自评、部门领导考评工作，根据考评结构决定来年工资涨幅和年底奖金。以良好的奖惩机制来保证每位员工的工作状态和工作积极性。结合每个人自身特点，制定其发展规划，树立工作目标，这样才能保证每位员工的工作稳定。企业只有能留住人才，良好的人才储备才是企业发展的根本保证。每位员工也清楚，只有控制好工程质量、进度、安全，才会给企业创造利润，企业发展了才能更好地满足员工个人需求。

3.2 施工材料的控制

装饰材料品种繁杂，质量及档次相差悬殊，装饰工程所用材料又受到业主的客观影响，因此，装饰施工材料控制比较麻烦。在材料进场前必须先报验，将业主同意的材料样品一式两份封样保存，一份留项目，一份留业主，在材料进场后，依样品及相关检测报告进行报验，报验合格的材料方能使用。采购人员在采购时，也要严格执行材料的检查验收手续，保证采购材料一次合格。为了便于管理，公司将各种材料的检查方法及检验标准编辑成册，采购人员、质检人员、施工人员全部用同一标准来衡量材料是否合格。在进场材料的管理上，采用限额领料制度，由施工人员签发限额领料单，库管员按单发货，从而既能保证质量又能节约成本，对于易碎或贵重材料，在施工现场单独存放，尽量减少人为的搬运次数。对于现场发现的不合格材料，如果不能及时退库，则单独放置并在明显位置标注不合格品字样，这样能够防止错发错拿现象。现场所剩边角余料如不能使用，则及时退回公司辅料库，以便其他工程使用。

针对以上问题我公司对材料管理如下：

分级进行材料采购：由公司采购部门对装修材料的主材进行统一采购，严把质量关，采购之前要组织业主、监理单位对其厂家进行实地考察，择优选用实力雄厚的供货商家。辅材由项目部材料人员根据施工现场实际进度需求进行采购。

3.3　施工机具的控制

施工机具由生产部门根据工程进度需要及劳务人员配置，填写施工机具采购申请单。公司统一采购的机具交由项目部材料组统一管理，库管人员对施工机具妥善保管，分类存放，实行施工机具由劳务班组长签字领用登记制度，谁领取谁负责保管。为保证施工机具的正常使用，施工现场配备机具维修管理员，对施工机具的维护使用进行日常管理。机具管理员根据采购部门提供的清单，定期对其使用情况进行检查、保养。不能因为施工机具的供应问题影响施工进度。

3.4　施工工艺的控制

施工工艺是决定工程质量好坏的关键，好的工艺，能使操作人员在施工过程中达到事半功倍的效果。为了保证工艺的先进性及合理性，对于相关工艺要依据规范，严格按照相关规范技术标准执行。对于采用新材料新工艺的，要组织相关人员进行学习探讨，并要求厂家技术人员进场指导施工。项目部根据厂家人员实际指导情况和施工现场情况总结其施工重点和要点，形成工艺工法，下发各施工主管，施工管理人员在现场指导生产时则以此为依据，对工人进行技术交底，并由班组长签字接收。工艺交底包括工具及材料准备、施工技术要点、难点和重点质量要求及检查方法、常见问题及预防措施等。最后将文件交至公司，形成企业标准，作为别的项目和新项目的指导性文件。

在施工过程中，通过对每一道施工工序的严格把控，严禁偷工减料，实行"自检、互检、交接检"的"三检"制度，对隐蔽部位进行书面技术交底，严格过程检查，形成书面记录，同监理甲方形成隐检合格后方可进行后续施工。除了施工单位的三级检查，项目部也组织对已完工程进行实测实量工作，将实测实量的结果及时反馈至生产部门，作为后续施工质量控制的依据。

3.5　成品保护控制

针对装饰装修工程的特点，成品保护可谓至关重要，作为工程交付前的最后一道工序，任何一点的破坏都会从整体上破坏工程的美观和使用功能，影响工程验收。对于成品保护，采取主动与被动相结合的方法予以预防。所谓主动，即采取相关的防碰撞的手段来保护成品，比如电梯内加装多层板对电梯轿厢的墙面地面进行保护。总之，成品保护的意识要深入贯彻到每位施工人员的心中。

4 结语

总之，施工管理是一个动态管理的过程，在公司制定的管理制度原则下，在不同时期、不同地点、不同项目有着不同的管理办法，只有适应的管理办法才是最合理的。随着实践的深入和积累，还将有着更合理更先进的管理理念和管理手段产生。

参考文献

［1］ 宋功业，张莉. 住宅装饰装修工程施工技术与质量控制. 北京：机械工业出版社，2009.
［2］ 宋功业，韩茂蔚. 建筑装修工程施工技术与质量控制. 北京：中国建材工业出版社，2007.
［3］ 北京土木建筑学会. 建筑工程施工质量、环境、安全控制手册. 北京：冶金工业出版社，2008.

可拆芯压力分散型锚索在盾构始发中的应用

赵永生　常　江　隋国梁　李军涛　宁　彤

（北京住总第一开发建设有限公司）

【摘　要】　文章以地铁深基坑支护为例，介绍了可拆芯压力分散型锚索在盾构始发中的应用，重点介绍了锚索参数的设计过程。该方法在地铁设计与施工中有着重要的参考价值，可在同类地下工程中推广应用。

【关键词】　深基坑支护；可拆芯压力分散型锚索；盾构始发；参数设计

地铁深基坑常用支护体系一般有两种[1]：一种是钻孔灌注桩及预应力锚索支护体系，另一种是钻孔灌注桩及钢支撑支护体系。当基坑宽度较大时，钢支撑的设计、施工就存在相当的难度，这时钻孔灌注桩及预应力锚索支护体系就显示出了优势。地铁区间的盾构施工一般采用车站始发的方式，若采用第一种支护体系，锚索就会深入盾构区间，给盾构始发造成障碍。本文以北京地铁某标段施工为例，该标段在盾构始发范围内用可拆芯压力分散型锚索代替普通锚索，既完成支护阶段保持基坑边坡稳定的任务，又在盾构始发前拆除，避免盾构机切割的弊害，成功地解决了上述问题。

1　工程概况

1.1　工程概述

该车站为地下岛式车站，标准段为双层三跨箱形结构，车站有效站台中心里程为右K11+329.000m，车站有效站台右线中心轨顶高程为 24.60m。车站总长 171.00m，标准段长 112.3m，宽 22.7m，扩大段长 58.7m，宽 43.8m，高 14.970m，车站标准段顶部覆土约 4.2m，标准段基坑开挖深度约为 19.05m，盾构井处深约 19.95m。西侧标准段采用围护桩＋钢支撑支护结构，共设 3 道支撑＋1 道倒撑，东侧扩大段采用围护桩＋锚索支护结构，锚索共设层数 4 层，其中盾构井处 5 层。支护结构平面布置如图 1 所示。

车站扩大段（东段）由于基坑尺寸限制，采用围护桩＋锚索支护，车站主体结构东端设计作为盾构隧道始发竖井，盾构掘进与支护锚索位于同一标高及平面上，如图 2 所示。

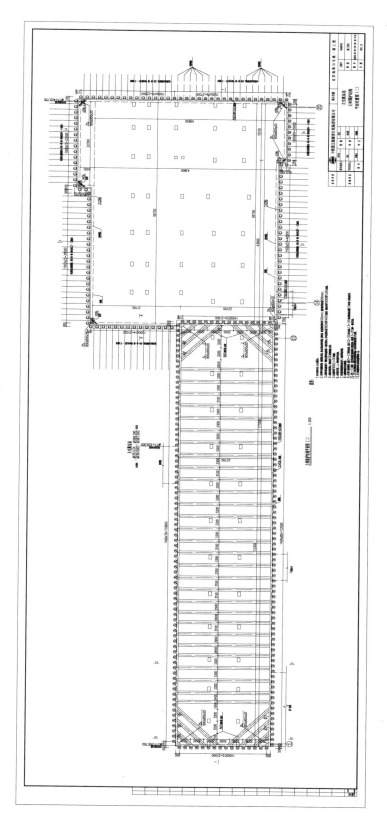

图 1 支护平面布置图

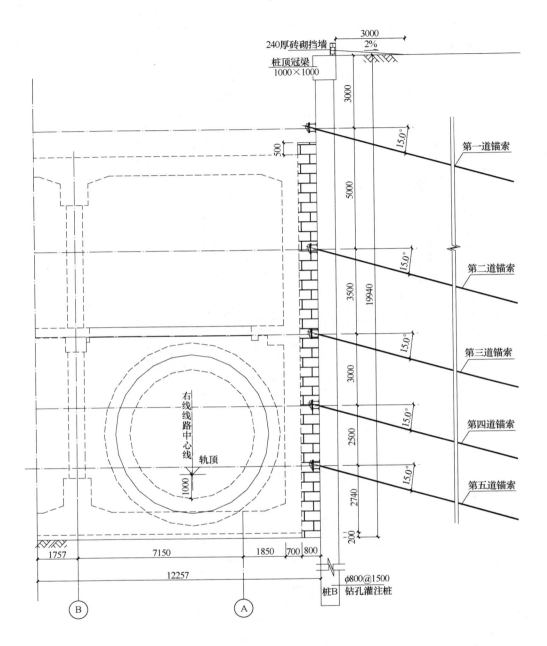

图 2　支护平面纵剖图

1.2　工程水文地质情况

1.2.1　地层土质

  根据钻探资料及室内土工试验结果,按地层沉积年代、成因类型,将本工程场地勘探范围内的土层划分为人工堆积层、第四纪全新世冲洪积层及第四纪晚更新世冲洪积层三大类。地质剖面图如图 3 所示。

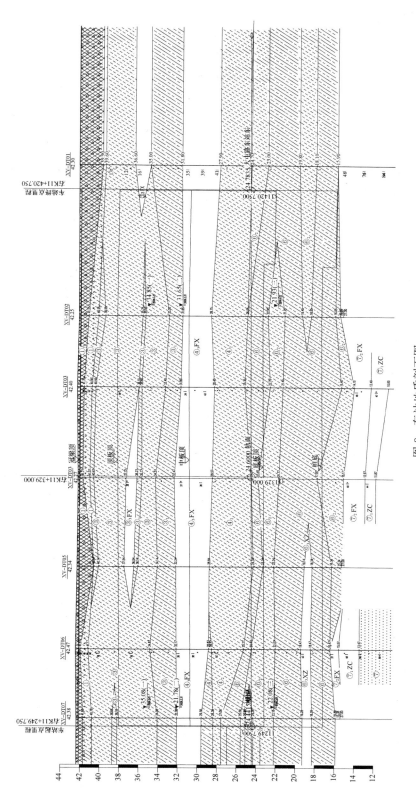

图 3　车站地质剖面图

147

1.2.2 水文地质

依据勘察报告，本站勘察深度范围内，发现三层地下水，地下水类型分别为上层滞水（一）、潜水（二）、承压水（三），详细情况见表1所列。

地下水特征表　　　　　　　　　　　　　　　　　　　　表1

地下水性质	水位/水头埋深（m）	水位/水头标高（m）	主要含水层
上层滞水（一）	7.21～7.4	34.85～35.11	粉土③层
潜水（二）	10.6～11	31.32～31.78	粉细砂④₃层
承压水（三）	20.3～21.5	20.59～22.08	粉土⑥₂层

（1）历年地下水位

根据资料查询分析，地下水历年最高水位接近自然地面，近3～5年最高水位为36.00m，抗浮设防水位按38.00m考虑，抗渗设计水位按自然地面考虑。

（2）地下水的腐蚀性评价

本场地3层地下水水质对混凝土结构均无腐蚀性，但在干湿交替作用条件下对钢筋混凝土结构中的钢筋均具有弱腐蚀性；地下水对钢结构均具有弱腐蚀性。

2 锚索参数设计

压力分散型可拆卸锚索与普通拉力型锚索存在受力原理的不同，普通拉力型锚索主要是靠有粘结钢绞线与锚索锚固段的摩阻力提供拉力，锚索全长有明显的锚固段与自由段的受力区分，压力分散型可拆卸锚索则是靠无粘结钢绞线端头的承载体与混凝土之间的压应力提供拉力，锚索全长无明显的锚固段与自由段的受力区分[2]。

由于压力分散型可拆卸锚索的特殊性，施工图中并无详尽的施工描述，且考虑到土质情况对锚索受力影响巨大，经与设计单位沟通后，现场错开原图纸位置，在土质条件类似处先行打设试验锚索，进行基础试验，根据试验结果，由设计单位确定可拆卸锚索正式施工时单元体布置形式、打设长度和设计拉拔力值。

根据相关技术资料，设计1号、2号试验锚杆为压力分散型锚杆，共3个承载体，位置分别在8m、16m、24m，孔径150mm，锚索使用 $f_{pk}=1860kN$ 的无粘结预应力钢绞线，直径为12.7mm，注浆采用 P.O.42.5 普通硅酸盐水泥，水灰比0.5，锚固体设计强度20MPa；设计3号试验锚杆为压力分散型锚杆，共3个承载体，位置分别在11m、22m、32m，孔径150mm，锚索使用 $f_{pk}=1860kN$ 的无粘结预应力钢绞线，直径为12.7mm，注浆采用 P.O.42.5 普通硅酸盐水泥，水灰比0.5，锚固体设计强度20MPa。压力分散型锚杆设计参数见表2所列，压力分散型可拆锚杆示意图如图4所示。

压力分散型锚杆设计参数表　　　　　　　　　　　　　表2

编号	孔径	水灰比	单元锚杆一		单元锚杆二		单元锚杆三		锚杆总长度
			自由段长度	钢绞线数量	自由段长度	钢绞线数量	自由段长度	钢绞线数量	
1号	$\phi50$	0.5	8.0m	2ϕ12.7	16.0m	2ϕ12.7	24.0m	2ϕ12.7	24.0m
2号	$\phi150$	0.5	8.0m	2ϕ12.7	16.0m	2ϕ12.7	24.0m	2ϕ12.7	24.0m
3号	$\phi150$	0.5	11.0m	2ϕ12.7	22.0m	2ϕ12.7	32.0m	2ϕ12.7	32.0m

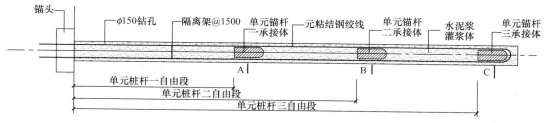

图4 压力分散型可拆锚杆示意图

3 试验方法

3.1 仪器设备

100t 张拉千斤顶 1 台（F100-1），高精度荷重传感器 1 台（BLR-1/No.99109），50mm 电子数显百分表 2 只（20902046、20902048）。荷载及位移量测系统均已标定合格。

3.2 检测方法

采用穿心千斤顶通过支撑提供反力的钢梁逐级对锚杆施加拉拔力，用高精度荷重传感器控制每级荷载，由两个电子数显百分表测得锚头位移。

3.3 锚杆荷载分级与锚头位移测读

（1）基本试验设定最大加载为每个承载体 240kN。
（2）加荷分级与锚头位移测读时间见表 3 所列。
（3）在每级加载等级观测时间内，测读锚头位移 3 次。
（4）在每级加载等级观测时间内，锚头位移增量小于 0.1mm，可施加下一级荷载，否则应延长观测时间，直至锚头位移增量在 2h 内小于 2.0mm 时，方可施加下一级荷载。

基本试验锚杆的加荷等级与观测时间表　　　　　　表3

	初始荷载	—	—	—	40	—	—	—
加荷量	第一循环	40	—	—	120	—	—	40
	第二循环	40	120	—	160	—	120	40
	第三循环	40	120	160	180	160	120	40
	第四循环	40	120	180	200	180	120	40
	第五循环	40	120	200	220	200	120	40
	第六循环	40	120	200	240	200	120	40
观测时间（min）		5	5	5	10	5	5	5

3.4 判断锚杆破坏标准

后一级荷载产生的锚头位移增量达到或超过前一级荷载产生的位移增量的 2 倍；锚头位移持续增长或锚杆杆体破坏。

4 试验成果

(1) 基本试验数量为 3 根，每个承载体设定最大加载为 240kN。基本试验结果汇总于表 4 中，试验锚杆的试验数据、荷载变形（P-s）曲线、荷载弹性变形（P-s_e）曲线、荷载塑性变形（P-s_p）曲线如图 5～图 13 所示。

(2) 根据基本试验结果弹塑性变形曲线，1 号试验锚杆（承载体位置 8m、16m、24m）每个承载体极限抗拔承载力建议取值 160kN，2 号试验锚杆（承载体位置 8m、16m、24m）每个承载体极限抗拔承载力建议取值 160kN，3 号试验锚杆（承载体位置 11m、22m、32m）每个承载体极限抗拔承载力建议取值 220kN。

(3) 根据上诉试验数据，设计单位给出锚索施工参数：现场依据 3 号锚索参数进行施工，设计轴力值为 550kN。

(4) 锚杆施工后，反复拉至设计荷载后进行锁定。

基本试验结果汇总表　　　　　　　　　　　　　　　　　　　　　　表 4

锚杆编号		设计参数			试验结果		
		自由段长度（m）	成孔直径（mm）	杆体材料	试验最大加载（kN）	最大加载锚头变形（mm）	破坏形式
1 号	第一承载体	8.0	150	2×7φ4	200	94.79	锚头位移持续增长
	第二承载体	16.0	150	2×7φ4	220	205.18	
	第三承载体	24.0	150	2×7φ4	220	182.28	
2 号	第一承载体	8.0	150	2×7φ4	200	89.65	锚头位移持续增长
	第二承载体	16.0	150	2×7φ4	200	263.46	
	第三承载体	24.0	150	2×7φ4	180	193.85	
3 号	第一承载体	11.0	150	2×7φ4	240	78.35	锚头位移持续增长
	第二承载体	22.0	150	2×7φ4	240	153.32	
	第三承载体	32.0	150	2×7φ4	240	237.37	

1 号锚杆第一承载体基本试验数据及图表

加载循环	荷载（kN）变形（mm）	试验数据						
初始荷载	P (kN)	40	—	—	—	—	—	—
1	P (kN)	40	—	—	120	—	—	40
	s (mm)	0.00	—	—	28.05	—	—	12.89
2	P (kN)	40	120	—	160	—	120	40
	s (mm)	12.89	33.07	—	48.78	—	45.91	24.55
3	P (kN)	40	120	160	180	160	120	40
	s (mm)	24.55	45.46	56.33	71.76	66.78	59.53	43.17
4	P (kN)	40	120	180	200	180	120	40
	s (mm)	43.17	56.98	78.03	94.79	90.51	75.38	60.48
5	P (kN)	—	—	—	—	—	—	—
	s (mm)	—	—	—	—	—	—	—
6	P (kN)	—	—	—	—	—	—	—
	s (mm)	—	—	—	—	—	—	—
观测时间（min）		5	5	5	10	5	5	5

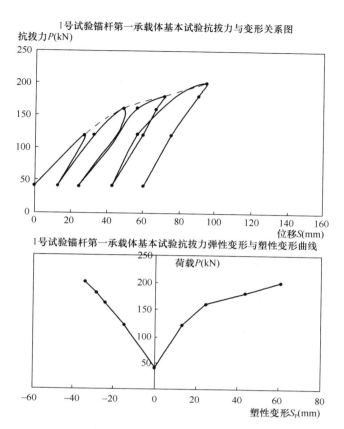

图5 1号锚杆第一承载体基本试验数据及图表

1号锚杆第二承载体基本试验数据及图表

加载循环	荷载（kN）变形（mm）	试验数据					
初始荷载	P（kN）	40	—	—	—	—	—	—
1	P（kN）	40		—	120	—	—	40
	s（mm）	0.00		—	54.37	—	—	21.81
2	P（kN）	40	120	—	160	—	120	40
	s（mm）	21.81	60.13	—	93.90	—	83.95	45.65
3	P（kN）	40	120	160	180	160	120	40
	s（mm）	45.65	78.59	100.77	120.72	118.48	104.93	64.24
4	P（kN）	40	120	180	200	180	120	40
	s（mm）	64.24	99.58	130.70	147.61	149.20	127.26	81.99
5	P（kN）	40	120	200	220	200	120	40
	s（mm）	81.99	123.80	176.70	205.18	201.10	170.13	131.41
6	P（kN）	—	—	—	—	—	—	—
	s（mm）	—	—	—	—	—	—	—
观测时间（min）		5	5	5	10	5	5	5

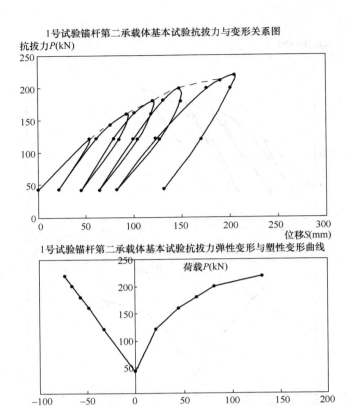

1号试验锚杆第二承载体基本试验抗拔力与变形关系图

1号试验锚杆第二承载体基本试验抗拔力弹性变形与塑性变形曲线

图6　1号锚杆第二承载体基本试验数据及图表

1号锚杆第三承载体基本试验数据及图表

加载循环	荷载（kN） 变形（mm）	试验数据						
初始荷载	P（kN）	40	—	—	—	—	—	—
1	P（kN）	40	—	120	—	—	40	
	s（mm）	0.00	—	52.31	—	—	3.38	
2	P（kN）	40	120	—	160	—	120	40
	s（mm）	3.38	53.42	—	83.43	—	60.33	9.01
3	P（kN）	40	120	160	180	160	120	40
	s（mm）	9.01	58.25	89.52	112.25	103.76	78.33	24.07
4	P（kN）	40	120	180	200	180	120	40
	s（mm）	24.07	73.54	116.12	143.14	139.77	105.28	42.85
5	P（kN）	40	120	200	220	200	120	40
	s（mm）	42.85	91.05	152.93	182.28	173.07	122.80	67.75
6	P（kN）	—	—	—	—	—	—	—
	s（mm）	—	—	—	—	—	—	—
观测时间（min）		5	5	5	10	5	5	5

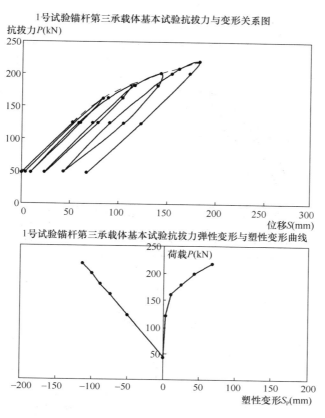

图 7 1号锚杆第三承载体基本试验数据及图表

2号锚杆第一承载体基本试验数据及图表

加载循环	荷载（kN） 变形（mm）	试验数据					
初始荷载	P（kN）	40	—	—	—	—	—	—
1	P（kN）	40	—	—	120	—	—	40
	s（mm）	0.00	—	—	24.71	—	—	9.71
2	P（kN）	40	120	—	160	—	120	40
	s（mm）	9.71	29.96	—	42.80	—	35.04	19.44
3	P（kN）	40	120	160	180	160	120	40
	s（mm）	19.44	38.40	51.50	65.76	64.00	55.00	35.84
4	P（kN）	40	120	180	200	180	120	40
	s（mm）	35.84	50.80	72.30	89.65	86.80	74.40	54.88
5	P（kN）	—	—	—	—	—	—	—
	s（mm）	—	—	—	—	—	—	—
6	P（kN）	—	—	—	—	—	—	—
	s（mm）	—	—	—	—	—	—	—
观测时间（min）		5	5	5	10	5	5	5

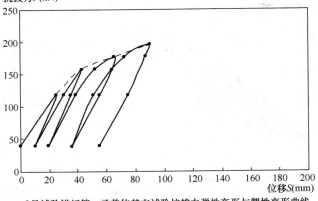

2号试验锚杆第一承载体基本试验抗拔力与变形关系图

2号试验锚杆第一承载体基本试验抗拔力弹性变形与塑性变形曲线

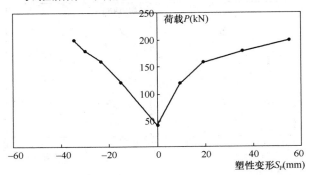

图8 2号锚杆第一承载体基本试验数据及图表

2号锚杆第二承载体基本试验数据及图表

加载循环	荷载（kN）变形（mm）	试验数据						
初始荷载	P（kN）	40	—	—	—	—	—	—
1	P（kN）	40	—	—	120	—	—	40
	s（mm）	0.00	—	—	74.67	—	—	40.79
2	P（kN）	40	120	—	160	—	120	40
	s（mm）	40.79	88.04	—	146.23	—	132.64	95.97
3	P（kN）	40	120	160	180	160	120	40
	s（mm）	95.97	128.35	157.17	195.30	195.39	175.15	135.98
4	P（kN）	40	120	180	200	180	120	40
	s（mm）	135.98	167.18	219.91	263.46	258.74	232.79	192.34
5	P（kN）	—	—	—	—	—	—	—
	s（mm）	—	—	—	—	—	—	—
6	P（kN）	—	—	—	—	—	—	—
	s（mm）	—	—	—	—	—	—	—
观测时间（min）		5	5	5	10	5	5	5

154

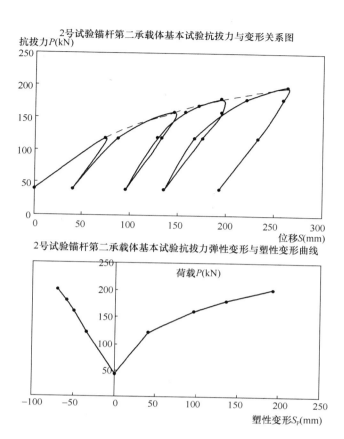

图 9　2 号锚杆第二承载体基本试验数据及图表

2 号锚杆第三承载体基本试验数据及图表

加载循环	荷载（kN）变形（mm）	试验数据						
初始荷载	P（kN）	40	—	—	—	—	—	—
1	P（kN）	40	—	—	120	—	—	40
	s（mm）	0.00	—	—	70.94	—	—	21.58
2	P（kN）	40	120	—	160	—	120	40
	s（mm）	21.58	91.84	—	142.63	—	117.55	69.17
3	P（kN）	40	120	160	180	160	120	40
	s（mm）	69.17	129.63	162.42	193.85	186.23	160.05	105.93
4	P（kN）	40	120	180	200	—	—	—
	s（mm）	105.93	168.34	231.73	275.00	—	—	—
5	P（kN）	—	—	—	—	—	—	—
	s（mm）	—	—	—	—	—	—	—
6	P（kN）	—	—	—	—	—	—	—
	s（mm）	—	—	—	—	—	—	—
观测时间（min）		5	5	5	10	5	5	5

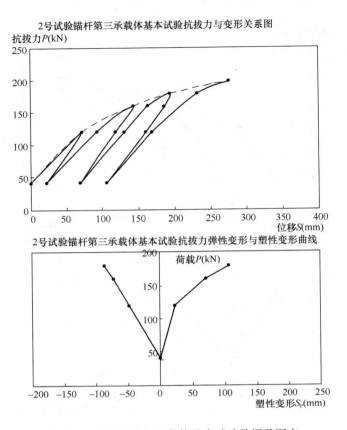

2号试验锚杆第三承载体基本试验抗拔力与变形关系图

2号试验锚杆第三承载体基本试验抗拔力弹性变形与塑性变形曲线

图10　2号锚杆第三承载体基本试验数据及图表

3号锚杆第一承载体基本试验数据及图表

加载循环	荷载（kN）变形（mm）	试验数据						
初始荷载	P（kN）	40	—	—	—	—	—	—
1	P（kN）	40	—	—	120	—	—	40
	s（mm）	0.00	—	—	24.65	—	—	2.72
2	P（kN）	40	120		160		120	40
	s（mm）	2.72	26.33	—	37.69	—	27.67	3.91
3	P（kN）	40	120	160	180	160	120	40
	s（mm）	3.91	28.63	39.05	44.01	40.65	30.04	4.80
4	P（kN）	40	120	180	200	180	120	40
	s（mm）	4.80	31.15	45.65	52.29	47.52	32.42	6.72
5	P（kN）	40	120	200	220	200	120	40
	s（mm）	6.72	34.54	54.33	59.93	56.44	36.07	8.06
6	P（kN）	40	120	200	240	200	120	40
	s（mm）	8.06	36.54	61.15	78.53	68.53	44.70	19.64
观测时间（min）		5	5	5	10	5	5	5

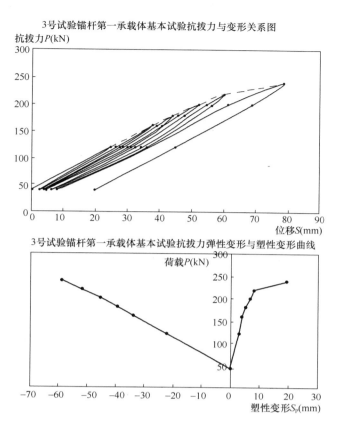

3号试验锚杆第一承载体基本试验抗拔力与变形关系图

3号试验锚杆第一承载体基本试验抗拔力弹性变形与塑性变形曲线

图11　3号锚杆第一承载体基本试验数据及图表

3号锚杆第二承载体基本试验数据及图表

加载循环	荷载（kN） 变形（mm）	试验数据						
初始荷载	P（kN）	40	—	—	—	—	—	—
1	P（kN）	40	—	—	120	—	—	40
	s（mm）	0.00	—	—	46.94	—	—	1.17
2	P（kN）	40	120	—	160	—	120	40
	s（mm）	1.17	50.14	—	72.79	—	52.69	4.45
3	P（kN）	40	120	160	180	160	120	40
	s（mm）	4.45	54.52	75.63	89.81	78.75	57.21	9.62
4	P（kN）	40	120	180	200	180	120	40
	s（mm）	9.62	58.43	92.45	106.58	97.50	64.83	14.79
5	P（kN）	40	120	200	220	200	120	40
	s（mm）	14.79	64.45	110.56	126.14	120.48	75.62	23.35
6	P（kN）	40	120	200	240	200	120	40
	s（mm）	23.35	72.41	119.73	153.22	131.13	87.00	37.38
观测时间（min）		5	5	5	10	5	5	5

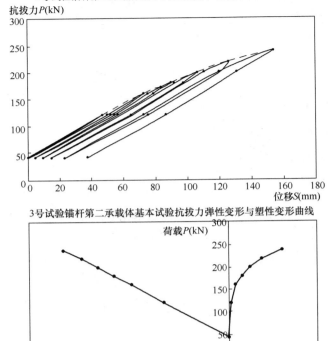

3号试验锚杆第二承载体基本试验抗拔力与变形关系图

3号试验锚杆第二承载体基本试验抗拔力弹性变形与塑性变形曲线

图12 3号锚杆第二承载体基本试验数据及图表

3号锚杆第三承载体基本试验数据及图表

加载循环	荷载（kN） 变形（mm）	试验数据					
初始荷载	P（kN）	40	—	—	—	—	—	—
1	P（kN）	40	—	—	120	—	—	40
	s（mm）	0.00	—	—	69.74	—	—	3.72
2	P（kN）	40	120	—	160	—	120	40
	s（mm）	3.72	73.43	—	109.59	—	77.16	10.51
3	P（kN）	40	120	160	180	160	120	40
	s（mm）	10.51	79.84	114.24	136.51	119.04	83.77	20.08
4	P（kN）	40	120	180	200	180	120	40
	s（mm）	20.08	88.23	142.94	168.07	147.75	95.73	34.66
5	P（kN）	40	120	200	220	200	120	40
	s（mm）	34.66	100.52	177.75	204.71	191.43	118.24	50.20
6	P（kN）	40	120	200	240	200	120	40
	s（mm）	50.20	108.54	188.73	237.37	204.60	138.40	70.73
观测时间（min）		5	5	5	10	5	5	5

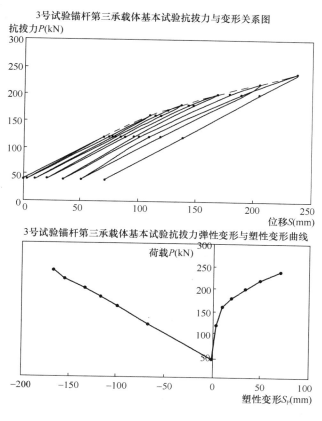

3号试验锚杆第三承载体基本试验抗拔力与变形关系图

3号试验锚杆第三承载体基本试验抗拔力弹性变形与塑性变形曲线

图 13   3 号锚杆第三承载体基本试验数据及图表

5   施工工艺

5.1   施工工艺流程

施工工艺流程如图 14 所示。

5.2   锚索杆体加工

（1）将钢绞线（无粘结钢绞线）平放地面，打开线轴释放绞线。

（2）根据不同载体单元锚索的长度双倍释放绞线，不同载体单元长度不同，下料前要先进行确认和区分，防止错误操作。

（3）钢绞线用无齿锯下料，端头用胶带捆扎牢固，剪裁好的钢绞线平直安放，不同单元分开放置，且不同单元的钢绞线顶端以不同颜色或不同标记进行区分。加工场地不得有泥，要保持钢绞线的清洁。

（4）单元体制作时使用专用机器，顶端金属及承载体（高分子聚酯纤维增强模塑料）的强度大于水泥浆体的抗压强度，安装时要将钢绞线与承载体和金属头扎紧，必要时可以修整载体确保捆扎牢固。

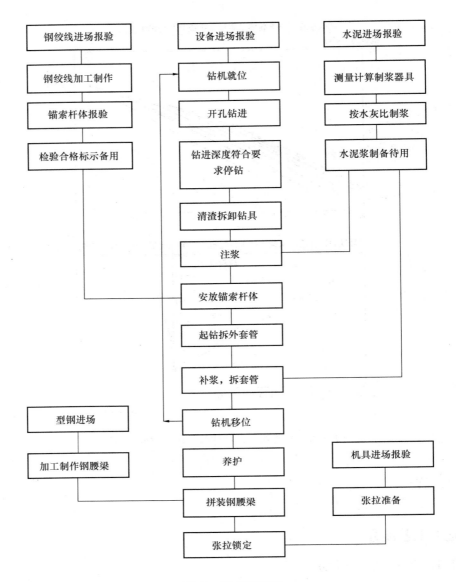

图 14　工艺流程图

（5）单元体拼装锚索时先将所需单元体顺直码放整齐，将第一单元平直摆放，依次将其他单元按照长度顺序摆放整齐，从顶端开始将三个单元体拼装在一起，然后每 1.5m 设置隔离支架，用火烧丝或细钢丝捆扎成型。

（6）制作完成的锚索体避免堆放挤压，禁止弯曲或碾轧，检查钢绞线顶端不同单元的区分标志是否有损坏或不清晰，缺失不清晰的立即添补。

（7）搬运锚索时，几人同时进行，走大弧线，避免锚索体打弯破坏单元体捆扎，运输中如有损坏，隔离支架应在使用前修补。

5.3　钻孔和注浆施工[3]

（1）开挖时，应将钻机作业面预留出，宽度为 10m 以上，开挖高度在锚索标高以下

50cm，以便全套管钻机作业施工。

（2）人工清除开孔位置松散土体。

（3）锚孔定位应用水准仪加钢卷尺用红油漆标记控制水平及垂直方向的位置，偏差不大于100mm，钻孔轴线的偏斜率不大于锚杆长度的2%。

（4）钻进过程中，要注意及时清洗排渣，防止抱钻卡死。

（5）周边遇有管线部位，施工中要严控进尺速度，如发现排出物有碎砖、混凝土或防水材料时必须立即停止施工。

（6）成孔后将钻杆拔出，使用前端为钢管的塑料注浆管插入孔内，一直插到孔底进行注浆，直到将孔内的水全部顶出方可停止注浆。注浆时一定要注意测量注浆管长度是否与孔深相符，以防止注浆管没有插到孔底而造成孔底无浆。

（7）注浆材料应根据设计要求，使用袋装 P.O42.5 水泥，制拌水灰比 0.5 的水泥纯浆。按照水灰比计算一定重量水泥的水用量然后测量搅拌桶体积，计算出水位高度，从而控制水泥浆的制拌质量。

（8）注浆完成后，将锚索插入，开始拆卸外套管，拆卸三根外套管后要进行一次孔口补浆作业，拆除三根套管后再进行一次补浆，共进行两次补浆作业。补浆时将注浆管直接由孔口插入，直到孔口溢出水泥浆。

（9）两次补浆后可拔除全部外套管，钻机移开，进行下一孔位施工。

（10）在钻机作业区域外开挖集水坑，将钻机施工用水进行收集沉淀循环利用。等到最终再把剩余泥浆经沉淀澄清后用水泵抽到地面指定排水口排走（注：可以利用降水井抽出的水进行钻孔施工）。

5.4　拆除步序

（1）施做地下二层底板及侧墙，待侧墙混凝土强度达到设计强度的75%，在中板钢筋绑扎前拆除第二道可拆卸锚索，侧墙防水施做至第二道可拆卸锚索处。

（2）先施做侧墙防水至第一道可拆卸锚索处，绑扎中板钢筋并浇筑混凝土，待中板混凝土强度达到设计强度的75%，且侧墙钢筋绑扎前拆除第一道可拆卸锚索。

（3）盾构始发前，拆除洞门处第三道、第四道可拆卸锚索，并破除砖墙及腰梁。

6　结束语

本文主要论述了可拆芯压力分散型锚索在盾构始发范围内的应用，此应用既可使锚索完成支护阶段保持基坑边坡稳定的任务，又保证其能在盾构始发前拆除，避免盾构机切割的弊害。该方法在地铁设计与施工中有着重要的参考价值，可在同类地下工程中推广应用。

参考文献

［1］ DB11/489—2007 建筑基坑支护技术规程.

［2］ 中冶集团建筑研究总院. CECS 22—2005 岩土锚杆(索)技术规程. 北京：中国计划出版社，2005.

［3］ GB 50300—2013 建筑工程施工质量验收统一标准. 北京：中国建筑出版社，2014.

浅埋暗挖隧道穿越地下燃气管线施工技术

郑传飞

（北京翔鲲水务建设有限公司）

【摘　要】　目前，随着城市的飞速发展，浅埋暗挖工艺具有拆迁占地少、不扰民、不污染环境的优点，使得在各行各业得到了充分的应用。随之而来的问题是，暗挖隧道穿越地下管线及构筑物情况也越来越多，且复杂多变，如何同时保证暗挖隧道本身的施工安全和既有地下管线的安全，是今后城市暗挖隧道施工的重点和难点。通过北京市南水北调配套南干渠工程第八标段暗挖输水隧洞穿越道路地下燃气管线工程实例，阐述了暗挖隧洞在粉细砂地层中下穿天然气管线（间距约为 0.7 倍开挖洞径）时，采用加强超前预支护和后背回填灌浆、短开挖、速封闭、早成环等处理措施，将暗挖掘进对周围围岩的影响减小到了最少。施工过程中掌子面前方围岩土体固结良好，无坍塌事件发生，最终实现了顺利、安全穿越管线。施工完成后，通过安全监测数据变化曲线显示，燃气管线地表监测点沉降数据峰值在允许范围之内，且已经趋于稳定。暗挖隧道穿越既有管线，且两者距离小于 1 倍洞径时，必须从施工方法上采取措施，严格按照浅埋暗挖"十八字"方针指导施工，可有效地减少新建隧道对既有管线的影响，达到安全穿越的目的。

【关键词】　浅埋暗挖；粉细砂；加长导管；二次灌浆

1　工程简介

北京市南水北调配套工程南干渠工程施工第八标段终点暗挖双线隧洞尾段（11＋239.98～11＋302）穿越大兴区兴旺路，开挖洞径为 4.6m，初支厚度 25cm。路下有多条地下管线，其中两条 DN500 市政中压天然气管线与设计暗挖隧道相交而过，位于拱顶以上 3.85m 位置。工程穿越时间为 2010 年 12 月份，期间正值北京市供暖高峰期，暗挖施工必须确保燃气管线正常运行。

2　工程地质情况

根据工程地质报告描述，该段地质结构为砂、砾（卵）多元结构 II_1 段。围岩结构松散，不易成洞型。隧道拱顶主要为细砂④层结构，属极不稳定类土层，极易产生坍落。地质特性为：含水量较低，土质松散，不易成型；开挖断面下部为卵石圆砾，较密实。

3 施工影响沉降因素分析研究

为控制该段地表沉降，确保燃气管线和兴旺路不受破坏，经对施工参数及现场实际情况研究，分析确定该段地表沉降的原因包括以下多种因素：

（1）在类似现场砂、砾（卵）的多元地质结构段，成洞后的地表沉降是不可避免的。

（2）由于该段地层砂砾含水量偏小，围岩结构松散，施工中出现的多次塌方也是沉降偏大的主要原因。

（3）由于两洞轴线间距较近（6.6～11m），施工中相互对地层结构的扰动，也会造成围岩不稳和塌方，使地表沉降增大。

（4）由于该地段地层含水量偏小，围岩结构松散，不易成洞型，所以减小隧洞开挖及初支步距，加快围岩封闭是必要的。

（5）在此类粉细砂地层中进行隧道掘进，注浆效果较差，土层在路面车辆行驶振动影响下，极易产生塌方，发生地层连续沉降，导致地下管线变形、断裂，引发次生灾害等。

控制重点及目标：暗挖过程中，必须采取各项有效措施，严格控制塌方，杜绝由于土体缺失引起天然气管线变形、断裂事件发生，控制地表沉降值在30mm以内。

4 施工技术措施

经过研究事件成因，结合分析了现场实际土质情况，得出：由于该段道路下地下管线较多，且布置复杂，无法从地面自上而下进行注浆固结燃气管线，只能自隧道内采取相应措施，控制塌方和继续沉降。

施工前，先在隧洞地表布设沉降监测点：由于燃气管线刚好位于兴旺路主车道下方，且该道路交通频繁，不宜设置沉降观测点，则将地表沉降观测点设置在道路两旁土基上，其中点3（东、西）、5（东、西）分别位于左右洞顶上方，点4（东、西）位于两点中点。

参照相关标准规范，经管线产权单位和设计共同确定，该燃气管线和兴旺路的沉降标准按30mm控制。

因此，综合分析了实际情况后，制定了相关技术处理措施：

4.1 加长注浆导管穿越燃气管线

隧道穿越燃气管线时，根据测定位置，在开挖掌子面距离燃气管线2m位置时，在原设计超前注浆导管正常打设的基础上，增打6根4m长超前注浆导管，角度20°，环向间距50cm，拱顶布置。

注水泥浆加固前方土层，水泥浆液配合比1：2（水泥：水），注浆压力0.2～0.3MPa。

经过计算分析，导管环向间距50cm，可充分扩散咬合。另外，由于此配合比水泥浆液较稀，渗透性好，加压后可充分填充土体空隙，提高隧道拱顶围岩整体性，有利于暗挖安全作业，实现顺利穿越。

4.2　双排小导管注浆加固地层

穿越兴旺路段，采取双排小导管超前支护加固地层。两圈小导管交叉呈梅花形布置，第一圈与钢格栅夹角成 25°，第二圈与钢格栅夹角成 45°，每根小导管打入长度 1.5m，外露 20cm，保证小导管打入纵向长度可以覆盖下一榀开挖面。

4.3　加快拱架成环封闭速度

由于暗挖隧洞施工过程中上拱安装完成至成环封闭时间至少需要 2～3d，而地表兴旺路长时间过往重型车辆，对刚施工完毕的上拱造成较大下压力，需缩小拱架成环时间。

施工时将下台阶长度缩短为 3.5m，上部拱架施工完毕后，需马上封闭上拱掌子面，进行下拱格栅安装支护。

4.4　分两次进行初支后回填灌浆

隧洞成环进尺 2～3m 后，初衬混凝土未达到设计要求灌浆强度，即组织首次回填灌浆。为避免回填灌浆对初衬支护的影响，适当降低灌浆压力（根据渗透距离计算，定为 0.1MPa，渗透距离 30cm）。

当初衬混凝土达到设计 70% 强度后，再进行二次回填灌浆，达到设计灌浆压力 0.3MPa。

4.5　对已完工隧道进行二次灌浆

路面范围内，对之前已进行过回填灌浆部位，进行二次补灌，纵向每隔 2m，在拱顶以及另一洞线方位侧上位置打设灌浆管，填充后背及两洞线间地层空隙，使已完工隧洞地表沉降数值趋于稳定。灌注压力达到设计标准 0.3MPa。

4.6　锁脚锚管注水泥浆

每榀上拱格栅钢架安装完成后，按照设计要求打设锁脚锚管，与拱架焊接牢固，锚管端头钻花管，注水泥浆，水灰比 0.5：1，使锚管与地层结合紧密，增大上拱成环前的上托力。为提高地基承载力，在上拱底部增设木垫板，扩大拱架受力面积。

4.7　施工要点

（1）严格控制水玻璃浆液配合比和胶凝时间，注浆过程中，注浆压力必须达到设计要求，并稳压，保证浆液的渗透范围，防止出现结构变形、串浆危及地下管线或地面建筑物的现象。

（2）短台阶开挖尽量减少超挖，基面开挖后尽快安装拱架，封闭开挖面，减少土体外露时间，尽可能在土体丧失自稳能力前完成封闭工作。

（3）先施工隧道，严格按要求进行径向注浆，加固开挖过程中可能扰动的土体；之后，方可进行另一隧道掘进。

（4）若回填灌浆因故中断时，及早恢复灌浆，中断时间大于 30min 时，设法清洗至原孔深后恢复灌浆，若此时灌浆孔仍不吸浆，则重新就近钻孔进行灌浆。

（5）对于含水量较低的土层，提前注入水提高含水量。

（6）隧道穿越过程中，及时与燃气管线产权单位沟通，发现管线监测数值变化、压力不稳定等现象时，立刻停止施工，研究解决方案。

5 处理效果

通过地表沉降观测可以看出，原设置的观测点 3（东）、4（东）、5（东）及新增观测点东 1 为采取措施前施工隧洞穿过点，在采取处理措施后施工期间仍略微有沉降，但未采取措施前地层沉降，最大值达到 28.2mm。

同时经比较可以看出，采用了工程技术措施后施工的隧洞，在穿过新增观测点后，地表沉降得到明显控制。东 2 点虽受到一期左洞穿过的东 1 点的影响，但其最大沉降值也只有 14.1mm，较一期隧洞穿过点的观测点最大沉降值减少了 50% 左右。

6 结论

城市的高速发展必然造成浅埋暗挖工程穿越各种地下管线、构筑物的情况增加。在粉细砂地层中进行浅埋暗挖穿越地下管线及构筑物施工，必须提高超前预注浆的效果。在条件允许情况下，可以采取从地面向下注浆固结地下管线和打设管棚超前预支护的方式处理，确保开挖隧道周边围岩不受扰动。本工程采用径向注浆、加长超前导管预支护、二次回填灌浆等方式，把周围一定范围内砂土固结成整体，也提高了掌子面前方围岩土体的强度和刚度，减小了开挖引起的围岩松动和坍塌，有效地控制了地层的塌陷和地表的沉降。

通过本段隧洞开挖工程采取措施前后监测数据对比可以看出，只要能够结合工程现场实际情况，及时采取切实可行的技术措施，浅埋暗挖施工中的地表沉降在一定程度上是可以得到有效控制的。

参考文献

［1］ 王梦恕. 地下工程浅埋暗挖技术通论. 合肥：安徽教育出版社，2004.

地铁暗挖隧道下穿大跨度独立基础建筑物
施工技术方法的研究

栾文伟　黄雪梅

（北京住总集团有限责任公司轨道交通市政总承包部）

【摘　要】　本文针对北京地铁 14 号线 06 标段丽泽商务区站～菜户营站区间全断面砂卵石地层暗挖法下穿大跨度独立基础高层商务温泉酒店采取的施工技术方法进行了探讨研究，为类似工程施工提供参考。

【关键词】　地铁隧道；浅埋暗挖；台阶法；深孔注浆

1　工程概况

北京地铁 14 号线 06 标段暗挖区间线间距 12～19m，线路纵向呈单面坡，纵向最大坡度－21‰。区间覆土 10～17m。区间在左、右线 K14＋725～K14＋789 范围下穿六号国际温泉酒店建筑物。区间左、右线基本位于该建筑物的正下方，区间隧道顶位于建筑物基础底下约 9.9m，该风险工程等级为一级（图 1）[1]。

图 1　区间隧道与商务酒店平面位置关系

根据现场调查和搜集到的原设计图纸，该酒店总平面大致呈"L"字形布置，设有一道变形缝，分为南北两段。北段为 A 座，长度约为 54m，宽度为 27m，共 7 层；南段为 B座，长度约为 36m，宽 12m，共 6 层。楼房内大部分房间的开间为 6.0m，房间进深为6.0m、7.0m。A 座 1～7 层层高均为 4.5m，B 座 1～6 层层高均为 3.0m，大楼基础为柱下独立基础，基础埋深 5.84m。A 座为钢筋混凝土框架剪力墙结构，东西侧外墙各设置一道剪力墙，21m 大跨度梁采用部分预应力筋；B 座为钢筋混凝土框架结构，南侧局部有一小型地下室，现作为酒店水处理设备间及消防泵房。该酒店恰好位于即将施工的地铁14 号线区间隧道的正上方，建筑物（A 座、B 座）采用柱下独立基础，基础深度约为5.84m（图2～图4）[2]。

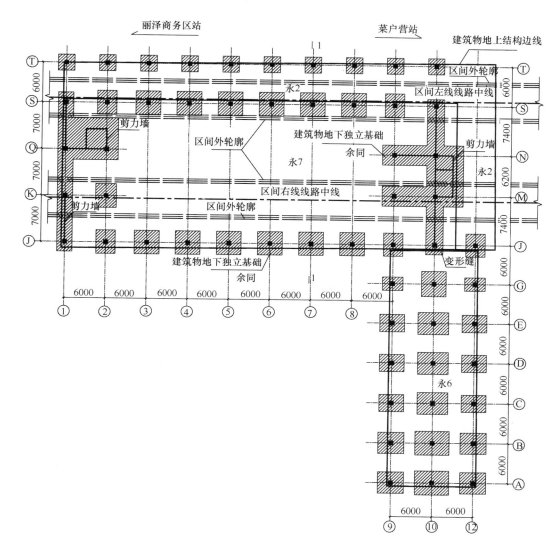

图 2　商务酒店独立基础平面示意图

2　地质情况和环境情况

2.1　工程地质情况

在建工程范围内的土层划分为人工堆积层、新近沉积层、第四纪沉积层以及第三纪沉积岩层四大类，并按岩性及工程特性进一步划分为 6 个大层及亚层，现分述如下：

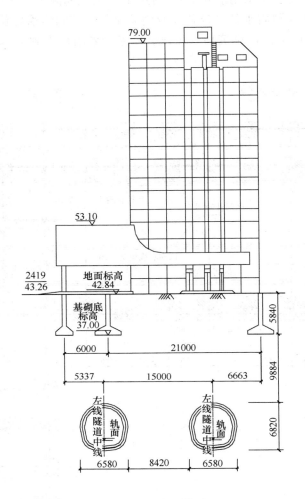

图 3　剖面位置关系

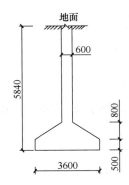

图 4　独立基础大样图

表层为人工堆积之粉土素填土①层及杂填土①₁层。

人工堆积层以下为新近沉积的粉土②层，粉质黏土②₁层，黏土②₂层，粉砂、细砂

②₃层及圆砾、卵石②₅层。

　　新近沉积层以下为第四纪沉积的卵石、圆砾⑤层，中砂、粗砂⑤₁层及粉质黏土⑤₄层；卵石⑦层，中砂、粗砂⑦₁层及粉土⑦₃层；卵石⑨层。

　　区间隧道穿越地层主要为⑤卵石－圆砾、⑦卵石－圆砾层（图5）[1]。

2.2　水文地质情况

　　潜水主要赋存于标高约 25.32～27.26m 以下的砂、卵石层（相应于工程地质剖面图中的⑦层）中。根据在本工程相邻场地（西侧丽泽商务区站）勘察钻孔中的水位量测结果，工程场区潜水水位标高为 19.79～20.05m（埋深为 24.20～24.40m）。结构处于潜水水位以上（图5）[2]。

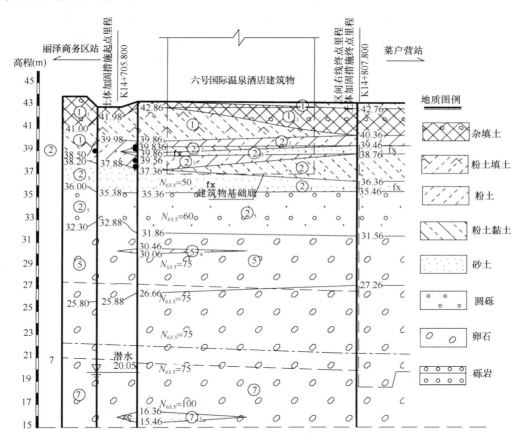

图 5　下穿建筑物地质纵剖面图

3　施工风险分析

3.1　建筑物自身风险

　　六号温泉酒店修建于 1988 年，距今已 24 年，基础形式为柱下独立基础，目前建筑物室内外大部分构件均有装饰层（地毯、吊顶、贴纸、抹灰层等）覆盖，下穿施工前，施工单位对建筑物外观装饰层进行了详细的调查，调查发现建筑物墙体装饰层存在大量的裂缝，且局部墙体面砖存在空鼓现象[3]（图6）[3]，如果建筑物变形较大极易造成装饰层的脱落；同时，由于建筑物基础为独立基础，施工过程中基础之间容易产生沉降差异，对建筑物自身结构影响较大。

图6　建筑物侧墙裂缝

同时，作为温泉酒店，B座地下室为酒店水处理设备间及消防泵房[3]，鉴于该酒店的经营性质，酒店用水量较大，如果建筑物变形过大也极易造成水管破裂，酒店用水下渗，造成隧道拱顶及掌子面地层疏松、坍塌的风险。

3.2　暗挖下穿施工风险

暗挖下穿独立基础高层建筑在北京市以往的地铁暗挖施工中较为少见，没有类似的施工经验可供参考，六号温泉商务酒店A座楼高七层，一层为跨度21m的大厅；B座楼高六层，有地下室，作为酒店水处理设备间及消防泵房[2]；暗挖隧道断面为6.378mm×6468mm，开挖断面较大，根据试验段开挖情况可知，隧道拱部局部含有砂层，开挖断面卵石地层自稳性一般，大断面暗挖施工存在小导管打设困难，初期支护存在封闭不及时的现象，特别是地层变化及地层稳定性较差时可能会导致拱顶塌陷，两帮收敛等施工风险。

3.3　环境风险

六号温泉酒店东西周边分布管线较多，尤其区间左线下穿六号温泉前的管线有DN500污水管线，DN400污水管线（波纹管），均用做酒店水处理设备间排水通道，流量较大；此外还分布有DN200燃气管线（钢管），DN100给水管线（铸铁）。下穿6号温泉结束后，紧接下穿DN200污水管及电力管沟，污水管线紧贴六号温泉墙角敷设，距墙约1m，也是酒店排污管道[2]。如果暗挖施工造成地表沉降超标，容易造成管线变形，影响管线运行，严重的可能导致管线开裂，污水渗漏，燃气外泄等安全事故。

4　施工方法的选择

由于六号温泉酒店建筑物自身的特殊性，以及下穿施工环境，暗挖施工对沉降控制要求很高，增加了施工难度，为顺利完成下穿并能够确保地上地下建构筑物的安全稳定，采取了以下的施工措施。

4.1 施工参数的选取

4.1.1 隧道开挖参数

为确保下穿六号温泉酒店初支结构自身的强度、稳定性能够满足上覆荷载要求，暗挖开挖采用"台阶法"预留核心土施工，并加设临时仰拱。临时仰拱形式为：I22a 型钢＋Φ22@500 纵向连接筋＋ϕ6.5@150×150 钢筋网，并喷射 30cm 厚 C20 混凝土。初支厚度为 300mm，格栅钢架采用"8"字筋型式，钢架间距加密至 0.5m；施工过程中应加强对拱脚的处理，每侧各设置 Φ32×3.25mm 锁脚锚管 2 根，长 1.75m[2]。

4.1.2 地层加固设计参数

为控制沉降，采用深孔注浆工法对拱顶进行土层加固，深孔注浆范围为临时仰拱以上，开挖面外扩 2m 范围，注浆段每循环长度为 10m，隧道开挖 8m，钻孔需根据此加固和开挖范围进行调整，保证浆液有效扩散。注浆参数：浆液采用 WSS 浆液，注浆压力为 1～2.5MPa，扩散半径 0.6～0.8m[2]。

4.2 深孔注浆施工技术方法

深孔注浆工艺成孔速度快、周期短、浆液扩散效果较好，对快速通过一级风险源，有效控制建筑物沉降非常有利。

4.2.1 注浆施工工艺流程及原理[4]、[5]

注浆施工工艺流程如图 7 所示。

定孔位：根据现场情况，对准孔位，由不同入射角度钻进，要求孔位偏差为 ±3cm，入射角度允许偏差不大于 1°。

钻机就位：钻机按指定位置就位，调整钻杆。对准孔位后，钻机不得移位，也不得随意起降。

钻进成孔：第一个孔施工时，要慢速运转，掌握地层对钻机的影响情况，以确定在该地层条件下的钻进参数。密切观察溢水出

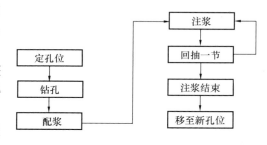

图 7　注浆施工工艺流程图[4]、[5]

水情况，出现大量溢水出水时，应立即停钻，分析原因后再进行施工。每钻进一段，检查一段，及时纠偏，孔底位置应小于 30cm。钻孔和注浆顺序由外向内，同一圈孔间隔施工。

回抽钻杆：严格控制提升幅度，每步不大于 15～20cm，匀速回抽，注意注浆参数变化。

浆液配合比：采用计量准确的计量工具，按照设计配方配料。

注浆：注浆孔开孔直径不小于 45mm，严格控制注浆压力，同时密切关注注浆量，当压力突然上升或从孔壁、断面砂层溢浆时，应立即停止注浆，查明原因后采取调整注浆参数或移位等措施重新注浆（图 8）。

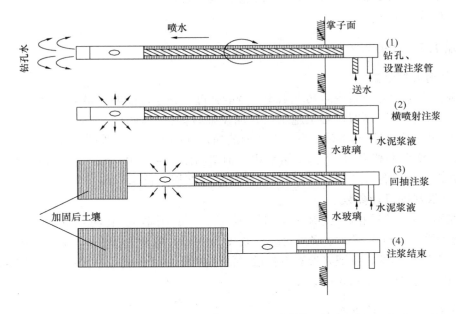

图8 二重管工法示意图[4].[5]

4.2.2 现场深孔注浆施工

深孔注浆10m为一个循环，开挖8m，留2m作为下一循环的止浆墙，根据开挖揭露的加固效果来看，拱顶浆脉明显，并形成了加固拱，加固体强度较高，需要用炮锤进行破碎。(图9~图11)。

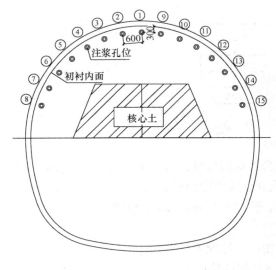

图9 注浆孔位布置示意图[2]

图10 现场注浆施工

172

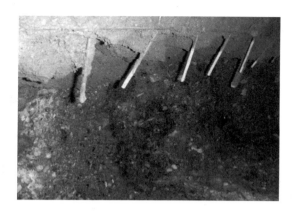

图 11　现场注浆加固效果

5　建筑物沉降监测及反馈

5.1　建筑物变形控制指标

根据建筑物评估报告及设计制定的建筑物沉降变形控制指标基准值见表 1 所列[2]。

建筑物沉降变形控制指标基准值

表 1

项　　目	控制值（mm）	项　　目	控制值（mm）
沉降值	20	水平位移	15
差异沉降	10	拱顶沉降	10

为确保暗挖下穿期间建筑物沉降变形能够及时反馈指导施工，根据设计图纸要求，在建筑物墙体及结构拐角处布设监测点，监测点布设情况如图 12 所示。

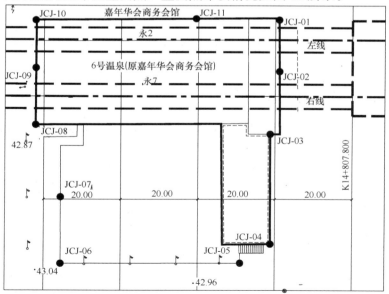

图 12　六号温泉酒店建筑物沉降观测点及倾斜测线布设图[2]

5.2 建筑物沉降监测数据分析

（1）六号温泉商务酒店长 63m，在整个暗挖施工过程中，右线先行掘进，选取 4 个断面的沉降数据进行分析，综合考虑开始下穿、下穿中、完成下穿三种工况，断面间距从菜户营站段起 20m、40m、60m、80m。每个断面建筑物的沉降值如图 13 所示。

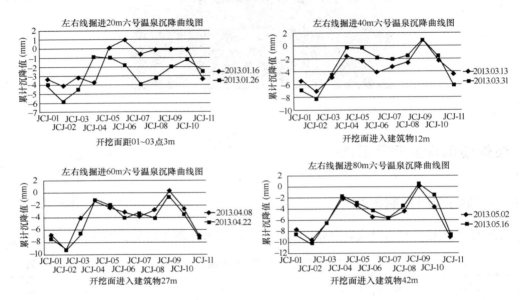

图 13　建筑物监测点沉降曲线图

（2）图中"◆"为右线开挖时建筑物沉降情况，"■"为左线开挖时建筑物沉降情况，由于左线开挖滞后于右线，累计沉降量加大。

（3）隧道开挖初期，车站到六号温泉之间的 20m 为试验段，注浆参数不稳定，导致 01、02 点沉降变形较大。

（4）由图 13 可以看出，在下穿六号温泉酒店的过程中，整体沉降有效地控制在了设计要求的范围内，最大累计沉降约 9mm，差异沉降也未超限。

5.3 隧道拱顶沉降监测数据分析

为密切关注隧道的沉降变形情况，在下穿建筑物段将拱顶沉降点的布设加密至 5m 一个点，选取其中一点观察开挖过后的拱顶变形情况。

由图 14 可见，拱顶沉降均在可控范围内，施工参数满足沉降控制要求；右线拱顶沉

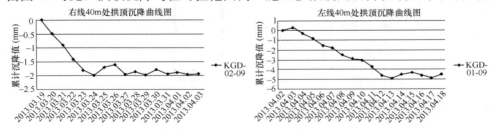

图 14　拱顶沉降曲线图

174

降在下穿结束约 7d 后趋于稳定，左线由于二次扰动影响，沉降量稍微偏大，说明深孔注浆强度增加后拱顶受力减小，变形趋缓。

6 结论

（1）砂卵石地层下穿危险性较大的建构筑物，深孔注浆可以有效加固拱顶地层，隧道开挖对构筑物沉降变形影响较小，同时减小建筑物后期沉降。

（2）深孔注浆在钻进及回退注浆过程中，钻孔与周边地层之间不会产生空隙，也不会出现塌孔等现象，浆液在压力作用下可以得到有效的扩散。

（3）根据开挖面观察发现，深孔注浆注浆孔之间浆脉可以彼此咬合，在隧道拱顶形成整体拱形防护体，起到了在隧道开挖时防止拱顶塌方的作用，从而可以防止地表建构筑物由于沉降引起的一系列恶劣效应。

（4）注浆浆液改用 WSS 双液浆，加快浆液的初凝时间，防止浆液流动范围过大。

（5）施工过程中应严格按照设计图纸要求，确保格栅榀距及格栅之间的有效连接，及时进行背后回填注浆。

（6）如果施工条件允许应适当加长试验段长度，确保下穿建筑物时注浆参数稳定，加固效果明显。

参考文献

［1］ 14 号线 06 标丽泽商务区站-菜户营站区间主体结构施工图．
［2］ 14 号线 06 标丽泽商务区站-菜户营站区间矿山法区间六号温泉酒店建筑物专项设计．
［3］ 北京市六号国际温泉酒店现状调查、检测及评估报告及补充报告．
［4］ 吴江滨．砂卵石地层隧道深孔预注浆试验研究［J］．岩土工程技术，2009，（6）：280-283．
［5］ 孔恒，彭峰．分段前进式超前深孔注浆地层预加固技术［J］．市政技术，2008，（6）：483-486．

市政工程排水系统建设问题探讨

张 强

（北京城乡建设集团紫荆市政工程分公司）

【摘 要】 我国是一个水资源相对贫乏、时空分布又极不均匀的国家。随着我国经济建设的快速发展，水环境污染和水资源短缺日趋严重。近年来我国多个城市中因市政工程排水系统引发的问题层出不穷，有的甚至威胁了城市居民的生命安全，市政工程排水工程开始受到越来越大的关注，这要求市政部门在排水设计中要严密调研、科学规划，确保城市排水系统能够良性运行，以确保城市正常有序的发展。本文对目前市政工程排水系统的现状作了一些分析以及对如何优化市政工程排水系统提出一些措施，希望能为市政工程排水系统建设起到一定作用。

【关键词】 市政建设；排水系统；优化措施

1 前言

在城市的正常运行中，不可避免地产生生活及生产污水、废水，还会在城市地面产生地面水，这些不同种类的水源会对城市的正常运行造成影响，而消除这些影响就需要城市的排水系统了，这是城市排水系统在城市运行中最直观的作用。一般来讲，城市排水系统通常由排水管道和污水处理厂组成。在实行污水、雨水分流制的情况下，污水由排水管道收集，送至污水处理后，排入水体或回收利用；雨水径流由排水管道收集后，就近排入水体。这里面污水处理厂的任务就是把通过排水管道收集到的废水进行净化处理，排入水体或作为城市再生水使用，这是城市水资源循环利用的重要环节。从这一点看，城市排水系统不仅仅是把城市运行中不需要的废水排走，还承担着循环利用城市区域内水资源的重要任务。

2 当前城市排水系统的现状分析

就北京市而言，历史上北京排水系统具有浓厚的区域特征。从最早的明排、板沟到清代的下水道，历经了几千年的演变，且北京城排水系统只对几个重要的地方进行规划，采取就近排放进自然水体或人工水体的原则，当时人少，污水也少，大小湿地有自净作用，对环境及人们的身心健康造成的危害及影响很小，但随着北京城的迅速发展，历史遗留问题、排水体制的限制、城市化大发展造成诸多安全事故等均使北京市排水系统的问题越来越突出，目前基本存在以下几个问题：

2.1　排水管网安全事故多发

管线渗漏管道腐蚀、超标排放，损害排水设施，污染地下水源，危害人体健康，形成诸多安全隐患。

2.2　合流制管网比重大

虽然北京市排水管网建设实行的是雨污水分流制，但由于历史遗留问题及实施条件限制，北京市还存在大量合流制管网。

2.3　雨水系统设施建设形式不完善

（1）分流制雨水管线直排河流、污染水体。
（2）出水口多采用淹没式且不设闸门，造成路面积水及后续养护工作困难。
（3）雨水管道系统未建成网状，造成排水能力下降。
（4）雨水口布置形式不完善。
（5）现有雨水管线排水能力不足。

随着设计标准的提高，大管径雨水管道增长幅度较大，与此同时也暴露出原有部分雨水管网已达不到现行设计标准，极端天气时发生排水能力不足的问题。

2.4　污水系统设施建设形式不完善

（1）用户污水管线出口未建立格栅井及水质检测井，使后续养护工作难度增加。
（2）检查井内未设置闸槽使后续工作难度增加。

2.5　排水设施建设与城市新区开发不同步，存在滞后现象

近年来，随着城市化进程的加快，城市新区成片开发建设速度日新月异。但是在开发建设中，往往只注重小区内的建筑和配套设施建设，不考虑周边配套的市政排水管网以及排水出路的系统建设，结果造成小区建成后排水无出路、居民不能居住或居住后污水漫溢现象。

3　市政工程排水系统的优化措施

3.1　排水系统的科学规划

排水管道的布置要符合区域及城市总体规划的要求，充分考虑体系扩展与原有管网体系对接需要。在污水深度处理、超深度处理、污水再生回用已经实用化了的今天，城市总体规划与排水系统规划都应当重新考虑，将污水的再生和回用放到重要位置上来。在进行排水系统规划时，应对整个城市的功能分区、工农业分布、排水管网及污水处理现状等做周密的调查，调查现有的和预测潜在的再生水用户的地理位置及水量与水质的需求，并将这种结果反映到排水规划中。恰当地确定排水分区、污水净化厂的位置与个数，改变将污水处理厂摆放在城市最下游进行高度集中处理的传统做法。在进行新建和扩建污水处理厂

的设计时，要近远期结合考虑污水回用的需要，选择污水深度处理系统，预留污水深度处理的发展用地，使污水处理、深度处理系统和回用系统的总投资之和为最小。

在进行排水管网的规划时，要把雨水、污水的收集、处理和综合利用结合起来，逐步转变目前的雨、污水合流制或不完全分流制系统为完全的分流制系统。雨、污水的分流有利于对不同性质的水采用不同方法处理和控制，有利于雨水的收集、贮存、处理和利用，避免洪涝灾害，增加城市可用水资源，同时也有利于减轻城市面源污染。

在规划中还应该引起注意的是应妥善处理和处置城市污水处理厂产生的大量污泥，避免产生二次污染，危害城市环境。目前较多的是将污泥填埋，这不但需要大量的土地，而且废弃了大量污泥资源。因此污泥处置的最终出路应该是变为农业肥料，充分利用污泥中富含的 N、P、K 等营养物质，既可避免污染，又可创造经济效益。

3.2 现有管网的优化改造与新建系统的配套优化

（1）改造老旧管网。配合旧城改造及给水排水管网的重点区域，应有计划地进行摸排，找出明漏与暗漏的位置，列入处理范围。应严查暗漏，严防明漏。摒弃原有的严重老化、漏损严重的管道，采用新管代替之。

（2）选择合格的建材。尽可能采用耐压性较好抗腐蚀性较强的管道。系统的优化也包括成本的优化，合格的材料是给水排水系统优化的重要因素，按照给水工程设计和运行的要求，管材应保证可靠的性能。

（3）结合管道环境的改变进行综合处理。由于市政道路或其他原因，导致管网上层覆土厚度变薄，或者管道上方由人行道变为车行道的，应考虑在道路改造时，重新计算管线的埋深，或者对管线进行迁移临时过街管线，应考虑通过套管等方法予以处理。

3.3 加强雨水设施的改进

（1）雨水管道入河出水口应尽量高于或等于排放水体的设计水位，可采取减小管道坡度、管道浅埋加固处理、调整城市竖向规划等措施来实现；如出水口不得已低于排放水体水位时，设计上应考虑水体水位顶托的影响，核算淹没出水的排水能力，当不满足时在入河口处建设抽升泵站和溢流闸门，在汛期时开启水泵抽升强制排水，同时因闸门的设置也利于下游管道的维护清淤；为保证立交（尤其是下穿立交）排水出水口的可靠性，立交排水应采用独立的排水系统。

（2）建设雨水管道之间的连通管。在相邻两个系统之间的适当地点（如易积水地段）设置连通管，将雨水管道建成环状管网，通过连通管可相互调剂水量，达到改善排水情况的目的。

（3）雨水口的布置应做以下改进：雨水口的布置应根据地形及汇水面积，结合道路纵断设计布置。对于低洼和易积水地段，雨水径流面积大，径流量较大，为提高收水速度，需要适当增加雨水口数量，最好采用"线形"收水井。对于道路纵坡较大路段，尤其是立交桥的引道处，应采用平篦雨水口收水，且在上游就开始布置雨水口，在下游段相应设连续多篦雨水口，形成"线形"收水井，让径流雨水从上游开始就收进管道，避免全部汇到下游或桥下后，造成积水。下穿立交应保证其独立的出水系统，其桥头应增加截流设施，以分流客流雨水。采用立篦雨水口时，应根据道路道牙做高度，保证有足够收水断面，道牙高度不足时，立箅与路面衔接处应做成三面坡。

（4）完善建设住宅小区的雨水管道。建议在庭院或住宅小区建设雨水管道和雨水口，让雨水在尽早时间内收进雨水管道，避免径流至道路上。

（5）研究推广应用渗水型雨水排水系统以利用宝贵的雨水资源，减少大量雨水径流给城市防汛带来的压力，应进一步研究开发及推广利用雨水入渗排水系统，减少雨水排放量，使雨水排放、入渗以及储蓄利用三者有机结合起来。同时雨水检查井及雨水口的底板也相应设计为渗水材质，井内不应采用水泥砂浆抹面。

3.4　污水设施的改进

（1）在用户污水管线出口建立格栅井及水质检测井。

（2）在检查井内设置闸槽。为了维护作业方便，建议在污水干管的管道交汇处检查井、转弯处检查井或直线段的每隔一定距离的检查井内根据需要设置闸槽，通过闸槽的开闭可以控制水流，便于维护作业。

3.5　污水处理厂的改进

加快治污截污工程和污水处理厂建设及污水处理厂升级改造步伐。要根据实际情况，合理选择排水体制，加快雨污水分流改造、污水截流以及污水管道的建设步伐，并在各污水流域间建立水量调配设施，使污水排放与收集系统更完善、更合理。同时要加快污水处理厂的建设步伐，使截流的污水能够进行集中处理，以减少水体污染，提高城市污水处理率。

3.6　提高设计标准，积极采用"四新技术"

要尽早淘汰混凝土管等脆性管材和刚性接口，积极推广新型塑料管材以及柔性接口管材，减少污水渗漏；在污水处理上，要积极采用新技术、新工艺、新设备，提高处理效率、降低处理成本；要提高泵站设计标准，增大排水能力和运行可靠性。

3.7　实行现代化管理，提高管理中技术创新水平

从2003年开始，北京市排水管理部门就开展了排水管网地理信息系统的研制和开发工作，现已建立了比较完善的GIS管理系统，实行了动态管理，为北京市排水系统安全稳定运行提供了可靠的支持与保证。

3.8　依法建设和管理城市排水设施

（1）依法合理使用排水设施的建设和维护管理资金，按照养护标准和技术等级，有计划地对排水管网、泵站进行养护维修和更新改造。

（2）依法促使规划、建设部门，根据城市新区开发建设的需要，同步进行配套排水设施的系统建设，要考虑排水出路或临时出路问题。

4　结束语

随着全球城市化的发展，排水系统在社会可持续发展中起着越来越重要的作用，污水

处理是城市水环境改善的一个极其重要的方面。但是，污水达标排放，并不是排水系统的最终目标，而是更艰巨的治理工作的开端。在新的形势下，排水系统被赋予了新的使命。排水系统是水循环中水质与水量的连接点，再生水利用是良好水循环中质与量的桥梁。污水的资源化、污水的再生和利用既提高了水的利用率，又有效地保护了水环境，有利于实现城市水系统的健康、良性循环，从长远来看，这将是有效地解决我国水资源短缺和水环境恶化问题的优化途径。

盾构机穿越小曲线半径隧道施工技术

陈　杰　汤德芸　孟宪忠　杜　影　滕炳森

（中国建筑一局集团第五建筑有限公司）

【摘　要】　本文总结了盾构机穿越小曲线半径隧道的施工技术，通过施工过程中对工程难点的综合控制，取得了良好的施工效果。

【关键词】　南水北调；盾构；土压平衡；圆曲线

1　工程概况

北京市南水北调工程东干渠施工第九标段北起自 13 号盾构始发井，南止于 14 号盾构始发井，线路长约 2.77km（里程为 31＋206.532～28＋487.721）。26 号二衬竖井至 13 号盾构接收井段，盾构掘进里程 29＋013.392～28＋855.303（线路长度为 158.089m，地面高程 31.40～32.60m，洞内底高程 10.754～10.958m）、28＋793.184～28＋707.258（线路长度为 85.926m，地面高程 31.01～32.05m，洞内底高程 10.550～10.347m）、28＋587.60～28＋533.721（线路长度为 53.879m，地面高程 31.05～31.30m，洞内底高程 10.233～9.91m）为连续的半径为 350m 的曲线段。小曲线半径隧道盾构平面位置，如图 1 所示。

小曲线半径隧道由南向北上坡，坡度为 0.204％，盾构隧道主要穿过粉质黏土和细中砂地层，隧道下部以粉质黏土地层为主，隧道上部含有 1～3m 的细中砂层。里程 29＋013.392～28＋855.303 和 28＋793.184～28＋707.258 处地面无建筑物，里程 28＋587.60～28＋533.721 处穿越五方桥和京哈高速公路。本工程盾构穿越地层共分为两层水位：其中第 1 层地下水位位于该段隧道洞顶位置，洞顶大部分地段为砂层，施工中易发生流砂、管涌和塌顶不良工程地质现象。第 2 层地下水位总体接近于隧洞底位置，其承压性对隧洞底部具有顶托作用，对洞身稳定不利；隔水层较薄处易发生洞底隆起或顶穿，导致地下水涌入洞内，引发工程事故。工程地质平面图及纵断剖面图，如图 2、图 3 所示。

2　小曲线半径隧道盾构施工难点

（1）盾构推进时，纠偏量较大，对土体扰动的增加易发生较大沉降量。

盾构施工时引起地表下沉的原因主要有地下水土的流失，施工围岩应力释放地层变形。而地下水土的流失除了地下水自身流动的原因外，带水地下管线保护不当产生漏水及灌渠也是一个重要因素。鉴于上方地面现况交通以及地面建（构）筑物、地下管线的重要

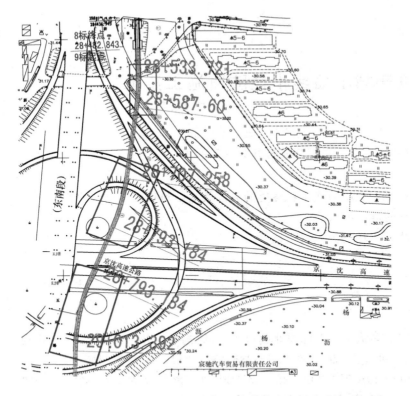

图 1　小曲线半径隧道盾构平面图

图例：

图例：	
▤	隧道施工位置
▢	小半径曲线段位置
数字+数字	里程

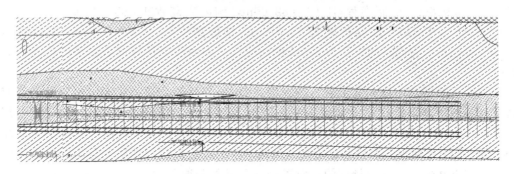

图 2　工程地质图

性，控制地面沉降及隆起是工程的重点。

（2）盾构曲线掘进中，精准的轴线控制是难点。

盾构的掘进管理系统中配备自动导向系统，利用计算机技术及光学测量技术对盾构掘进进行自动化测量，为盾构掘进提供准确的导向信息，替代测量速度慢、精度低和容易出错的人工测量方法，满足盾构快速准确施工的要求。同时采取定期的人工复测，以确保盾构按设计轴线正确掘进。

通过控制测量的手段，将地面三维坐标系统传入到地下，导入盾构机，引导盾构机的掘进方向，在盾构掘进中，跟进延伸支导线和水准线路，以此为依据为盾构机换站提供掘进修正参数。因此洞内控制导线质量的好坏直接决定了隧洞的贯通质量，也是整个盾构工

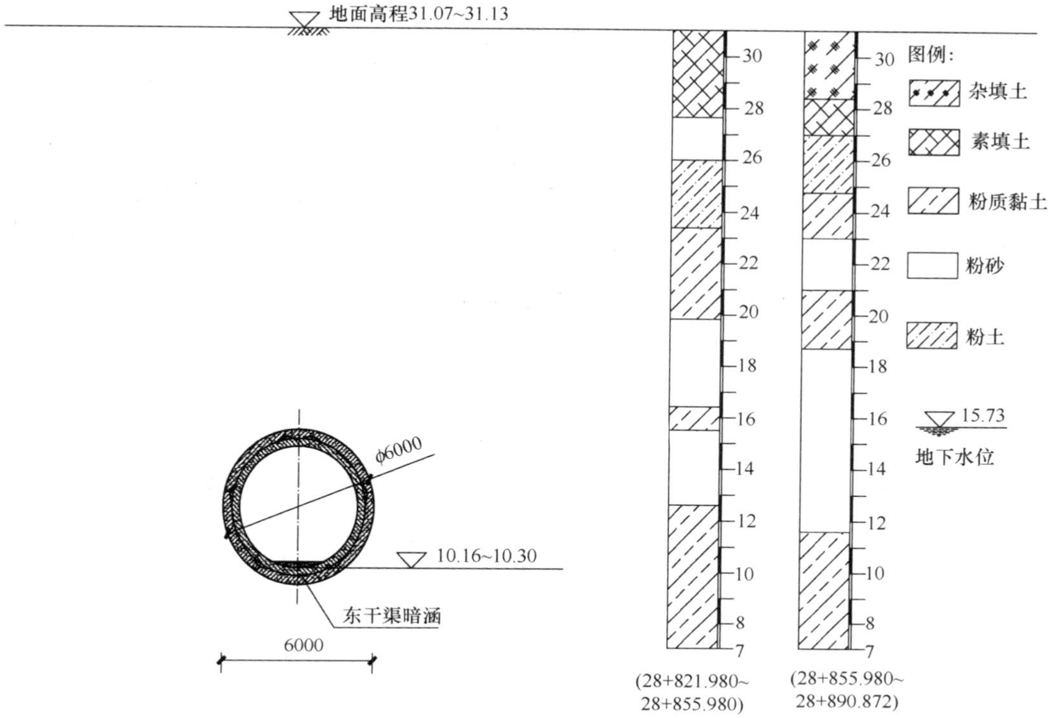

图3 纵断剖面图

程成败的关键因素之一。

（3）管片的位移控制难

管片出盾尾后，易受到水平分力的影响，隧道向圆弧外侧偏移，极难控制。

3 盾构机穿越小曲线半径隧道的施工措施

3.1 盾构姿态控制及地表沉降的控制措施

（1）控制土压平衡：盾构机具有土压平衡掘进模式，可实现地表沉降控制，保护地表建筑物。土仓内上下左右配置有4个具有高灵敏度的土压传感器，能将压力传送到操作台上的显示屏显示，并且能自动地与设定土压进行比较，压力过高过低都会报警。因此能很好地控制土压平衡，减少地面沉降，适合软弱及复合地层掘进的需要。

（2）刀盘的特殊设计：刀盘刀具形式及布置和刀盘开口率（约54%）适应本区间地质条件，刀盘的设计由于采用辐条式能防止刀盘中心结成泥饼。

（3）刀盘的驱动方式采用变频电机驱动方式，启动平稳，刀盘转速连续可靠。

（4）同步注浆：采用盾尾同步注浆系统，可及时填充管片与开挖直径之间的间隙，减小沉降。同时，可防止管片上浮。

（5）配备全自动数据处理系统：数据采集系统灵敏可靠，能将盾构姿态、推进力、刀盘扭矩、推进速度、螺旋输送机转速等参数准确的进行检测，并通过数据处理传输系统进行高效可靠的处理和存储，最后通过各种数字或图表形式显示出来。当以上过程中出现故障时，可通过在其上安装的故障自动诊断系统进行故障自动检索和显示。

（6）配备激光导向系统，对盾构姿态精准控制：激光导向系统有足够的掘进方向检测能力及纠错能力，能在各种高温、高湿度、高粉尘、振动等恶劣环境下高效可靠地运行，并具有较高的灵敏度和极小的误差，完全能够满足盾构姿态控制精确度高的要求。

（7）盾尾设置三道钢丝刷，可通过自动和手动两种模式向盾尾密封处的环形空腔中注入专用密封油脂，以及通过改变油脂注入的压力和数量，保证盾尾的密封效果及可靠性。

3.2 小曲线半径隧道区段的轴线测控措施

3.2.1 曲线测量

盾构在曲线段中掘进施工对轴线测量控制质量较高，为保证施工过程中隧道轴线，在运用自动导向测量基础上制定相应曲线测量措施。

首先建立以 ZH 点（或 HZ 点）为原点，切线方向为正北方向的施工坐标系。井下导线点 K 为测站，J 点为后视方向。$X_K = -S$，$Y_K = +b$，设 $\alpha_0 = \alpha_{K-J}$（施工方向）。得盾构上测点 1 号（后标）及 2 号（前标）的水平角及边长为 α_1、α_2 和 L_1、L_2。测点 1 号、2 号的计算式：

$$X_1 = L_1 \times \cos(\alpha_0 + \alpha_1) + X_K$$
$$Y_1 = L_1 \times \sin(\alpha_0 + \alpha_1) + Y_K$$
$$X_2 = L_2 \times \cos(\alpha_0 + \alpha_2) + X_K$$
$$Y_2 = L_2 \times \sin(\alpha_0 + \alpha_2) + Y_K$$

再根据 1、2 号点计算得切口和盾尾的坐标。

分三式判断该点的位置：

（1）当 $0 < X < L_0$ 时，该点在第一段缓和曲线上。即以 X 值当 L 值，代入缓和曲线拟合方程得设计横坐标。所以：

$$切口平面偏值 = 实测切口 Y - 设计切口 Y$$
$$盾尾平面偏值 = 实测盾尾 Y - 设计盾尾 Y$$

（2）当 $L_0 < X < L_0 +$ 圆曲线长时，该点在圆曲线段上。用该点与圆心 O 点反算边长为 S_1（S_2 为盾尾至 O 点边长）。所以：

$$切口平面偏值 = R - S_1$$
$$盾尾平面偏值 = R - S_2$$

（3）当 $L_0 +$ 圆曲线长 $< X <$ 曲线全长时，该点在第二段缓和曲线段上。这时必须把设计原点转移到 HZ 点上。注意这时曲线方向相反，计算同（1）项相似。

3.2.2 盾构穿越小曲线半径区段的轴线测控方法

盾构的掘进管理系统中配备自动导向系统，利用计算机技术及光学测量技术对盾构掘进进行自动化测量。通过控制测量的手段，将地面三维坐标系统传入到地下，导入盾构机，引导盾构机的掘进方向，在盾构掘进中，跟进延伸支导线和水准线路，以此为依据为盾构机换站提供掘进修正参数。

（1）平面控制测量

为将盾构掘进所需测量参数引入到盾构自动测量系统，盾构施工测量将包含以下测量工作：

地上导线测量→近井导线测量→联系测量→盾构机始发姿态测量→地下控制导线测量，以上工作产生的误差对横向贯通产生直接影响。

联系测量是通过竖井将方位、坐标及高程从地面上的控制点传递到地下导线和地下水准点上，以组成地下控制测量的起始点，如图4所示。采用井上井下联系三角形几何定向方法控制平面，修正盾构推进的轴线。施工期间每个区间段依照具体情况进行若干次定向测量，一般第一次在推进50m左右，最后一次离进洞大约100m左右。

（2）高程控制测量

高程控制测量主要内容是将地面的高程系统传入井下的高程起算点上，测量施工步骤和平面施工步骤相同，具体操作如图5所示，现场高程测量控制实景图片，如图6所示。

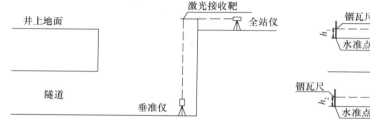

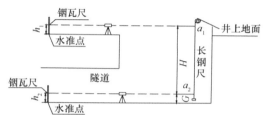

图4　联系测量示意图　　　　　　　　图5　高程联系测量示意图

图6　现场高程联系测量实景图片

3.2.3　盾构穿越小曲线半径区段的措施

（1）中盾和尾盾采用铰接连接，有效地减少了盾构的长径，使盾构在掘进时能灵活地进行姿态调整，顺利通过小半径转弯。

（2）掌握好左右两侧油缸的推力差，尽量地减小整体推力，实现慢速急转。

（3）盾构机司机根据地质情况和线路走向趋势，使盾构机提前进入相应地预备姿态，减少之后的因不良姿态引起的纠偏。

（4）加密加勤移站测量，避免由此产生的轴线误差。由于我们是将短距离的曲线看成是直线段来指导盾构机掘进的，如果不短距离移站测量，则相当把长距离的弧线当做直线，故轴线偏差自然会相差很大。

（5）做好管片选型，北京隧道管片长度为1.2m，在350m的圆曲线上，加上纠偏管片拼装点位变化，标准环与转弯环的拼装关系为：4环标准环＋3环转弯环。根据标准环和转弯环中轴线的夹角，计算出转弯环的增加量，然后交叉拼接，直到离开小曲线半径作业区为止。

（6）隧道没有缓和段，直接由直线段过渡到圆曲线。盾构机掘进到圆曲线段还有 20 环时，将盾构机姿态往曲线内侧（靠圆心侧）偏移 20～30mm（圆曲线段偏移 30～40mm），形成反向预偏移，这样可以抵消之后管片的往曲线外侧（背圆心侧）的偏移。曲线段姿态偏移调整，如图 7 所示。

（7）在管片偏移的方向额外进行注浆，达到一定的压力以抵抗管片的偏移。缩短浆液的初凝时间，盾构机脱出盾尾五环后及时进行二次补浆，补浆点位为 9 点钟位置（右转弯）。注浆及补浆点位如图 8 所示。

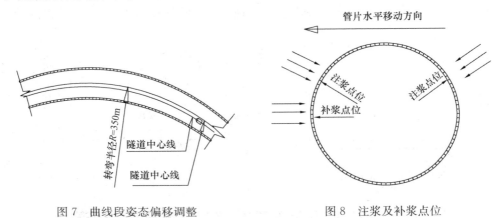

图 7　曲线段姿态偏移调整　　　　　　图 8　注浆及补浆点位

3.3　管片错台和破损的控制

（1）油缸推力尽量不要太大，尤其对曲线外侧（背圆心侧）油缸，由于要加大推力来增加左右两侧油缸推力差，从而实现盾构机转弯。但是，在加大油缸推力的同时，一定要注意管片的承受能力，避免由此造成的管片破裂。

（2）由于曲线外侧油缸推力较大，尤其要注意不要突然加力或者突然释放推力，这样也会造成管片的破裂。

（3）掘进的时候，把拧螺栓这道工序做到位，有效地防止错台的发生。螺栓应进行初拧和复拧，应按从中间向四周的顺序拧紧，初拧和复拧的顺序应一致。管片脱出盾尾后对管片进行二次复紧，盾尾脱出盾尾 10 环后进行三次复紧或多次复紧。螺栓的复紧，如图 9 所示。

（4）提高管片拼装手的水平，管片拼装施工之前，应对管片拼装人员进行技术交底，并在正式拼装之前进行试拼装。避免因拼装不到位产生的错台。管片拼装时环向和纵向错台控制在 5mm 以内。隧道成型图片。

图 9　螺栓的复紧

如图 10 所示。

（5）操作手每环推进前后都要对盾尾间隙进行测量。合理选择管片类型，避免盾尾钢环刮坏管片。调整好油缸撑靴的位置，尽量使撑靴完全作用在管片上。

图 10　隧道成型图片

4　安全质量保证措施

（1）建立专业监测队伍，现场 8~10 人组成监控量测及信息反馈小组；监测数据应及时整理分析，一般情况下，应每周报一次，特殊情况下，每天报送一次。监测报告应包括阶段变形值、变形速率、累计值，并绘制沉降槽曲线、历时曲线等，作必要的回归分析，及对监测结果进行评价。

（2）盾构施工地面沉降控制，尤其加强对盾构通过时的沉降和通过后的固结沉降的控制。

（3）拼装管片质量必须符合设计要求。

（4）如果发现盾构机各液压系统出现异常情况，盾构机发生异常的颤动，刀盘扭矩突然增大，可初步判断遇到了障碍物。此时应立即停止盾构机掘进，彻底查明情况再做处理，如果仍然野蛮施工将会严重损坏盾构机，造成灾难性后果。

（5）各种设备、设施通过安全检验及性能检验合格后方可使用。

（6）加强施工过程中的监控量测，及时反馈量测信息，依照量测结果及分析情况，及时调整预加固、预支护措施及支护结构的封闭时间，确保施工安全及地面建筑物安全。

（7）有多道工序平行作业、流水作业的施工项目，必须加强各工序的管理，施工前编制各工序方案及安全措施。

（8）各种机械设备进场时必须经过验收，合格后方可使用。机械设备严格按操作规程进行操作，严禁非定岗司机动用机械设备。

（9）盾构掘进时，不得在设备运转过程中检修设备，特别是皮带机、注浆泵、空压机及电器设备等。

（10）进入刀盘时，必须按人舱进出安全作业指导书的程序执行。

（11）管片安装过程中，举起的管片下严禁有人作业。

（12）掘进时，隧洞内应有良好的通风，以满足安全作业的各方需要。

5　结束语

本文结合工程实践，对小曲线半径隧道施工中存在的土体沉降量、盾构穿越障碍物、轴线监控、管片的位移等难点问题进行了深入的研究，并制定了切实可行的施工控制措施，有效保证盾构小曲线半径隧道施工按照设计轴线得以实施，且在工程质量、安全、工期等方面取得了良好的效果，值得在类似工程中推广使用。

参考文献

[1] 中华人民共和国住房和城乡建设部.GB 50446—2008 盾构法隧道施工与验收规范.北京：中国建筑工业出版社，2008.

[2] 山西建筑工程(集团)总公司等.GB 50208—2011 地下防水工程质量验收规范.北京：中国建筑工业出版社，2012.

[3] 周文波.盾构法隧道施工技术及应用.北京：中国建筑工业出版社，2004.

辊轮滑床板技术在北京地铁既有线的应用

王万宝[1] 李显实[2] 赵 旺[3] 杨 博[4]

(1、3. 北京市地铁运营有限公司线路分公司；2、4. 中铁一局集团有限公司北京分公司)

【摘 要】 道岔是线路的最薄弱环节之一，它的正常运转是行车安全的基本保证。尖轨和滑床板间的摩擦力是转换力的一个重要组成部分。通过安装辊轮滑床板使滑动摩擦变为滚动摩擦，可以有效减小摩擦转换力。

【关键词】 道岔；辊轮滑床板；摩擦力

1 辊轮滑床板应用概述

1.1 概况

北京地铁既有线日行车量大，道岔搬动频繁。道岔是线路的最薄弱环节之一，它的正常运转是行车安全的基本保证。设法减小道岔的转换阻力，提高道岔的运行可靠性一直是国内外铁路努力的目标。尖轨和滑床板间的摩擦力是转换力的一个重要组成部分。设法减小这种摩擦力，是减小转换力的有效方法之一。

北京地铁1号线信号系统升级改造过程中涉及正线33组道岔辊轮滑床板的更换，这是辊轮滑床板技术首次应用在北京地铁既有线上。通过检测，辊轮滑车滑床板技术在减少道岔转换阻力方面取得了良好的效果。

1.2 功能及优点

辊轮滑床板系统具有适应性强，免维护，安装简单方便，性价比高等优点。不仅可以有效的使尖轨与滑床板之间的滑动摩擦力变为滚动摩擦力，大大降低地铁道岔系统故障率，还可长期节省润滑油和养护人工费用，并延长转辙机的使用寿命，有效改善道岔环境。

1.3 应用实例

辊轮滑床板技术在欧洲的大部分地铁系统和大铁路系统中，作为标准配件得到了广泛的应用。截止到2006年，滚轮滑床板技术在地铁项目的应用情况：伦敦地铁、泰恩-威尔纽卡斯尔地铁、加拿大卡尔加里捷运、加拿大艾得蒙顿捷运、加拿大多伦多捷运、纽约帕斯港港署、洛杉矶北部地铁、加州萨克拉曼陀捷运、洛杉矶地铁、菲律宾SEPTA地铁、SMRT新加坡地铁、曼谷机场快轨、首尔地铁等。

辊轮滑床板技术在国内，从 2005 年起作为铁道部 18 号道岔的标准配置（设计 2005G 034-C，客运 250km/h），已经大面积的应用在客运专线道岔中。其中包括在速度达到 350km/h 的客运专线项目。从 2009 年开始，在国内地铁项目中开始了逐步的应用。到 2013 年，已经应用在深圳、广州、南京、上海地铁的部分项目中。

2 辊轮滑床板工作原理

辊轮滑床板是由辊轮和滑床板两部分组成。尖轨处于锁闭状态时，尖轨位于滑床台上，辊轮不工作。尖轨处于斥离状态时，尖轨位于辊轮上，滑床台不工作。当道岔转动，尖轨由锁闭到斥离状态时，尖轨从滑床台移动到辊轮上，从而将尖轨与滑床台之间的滑动摩擦变为尖轨与辊轮之间的滚动摩擦。通过滑动摩擦与滚动摩擦的转换，减小道岔的转换阻力，提高道岔运行的可靠性。

3 辊轮滑床板更换施工

3.1 工艺特点

既有线施工主要在"天窗"时间内，即当日夜间运营结束后次日运营开始前，在凌晨 00：30～3：00 之间两个半小时内进行施工，要求具有较高的施工效率。

既有线改造施工要求合格率必须达到百分之百，因为施工后即投入运营，所有施工质量必须以保证地铁运营安全为前提。

施工前做到合理进行人员和物资资源的配置，保证施工过程中人力充足、工序安排合理，确保升级改造施工顺利完成。

3.2 工艺流程

辊轮滑床板施工工艺流程如图 1 所示。

3.3 施工方案

（1）施工准备

提前进行线路调查，确定施工所需的施工机具。施工前做好技术交底、安全交底。各种施工机具进场前应进行核对登记，确保状态良好，并采用"用二备一"的原则，配备备用机具。提前按

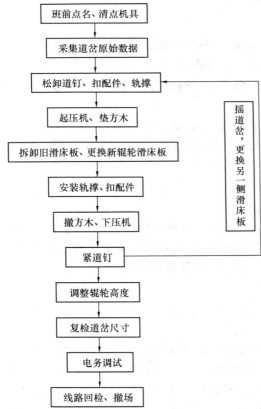

图 1 辊轮滑床板施工工艺流程

（流程图内容：）
班前点名、清点机具 → 采集道岔原始数据 → 松卸道钉、扣配件、轨撑 → 起压机、垫方木 → 拆卸旧滑床板、更换新辊轮滑床板 → 安装轨撑、扣配件 → 撤方木、下压机 → 紧道钉 → 调整辊轮高度 → 复检道岔尺寸 → 电务调试 → 线路回检、撤场

（支路：）摇道岔，更换另一侧滑床板

照设计要求排摆滑床板，做好标记，安装辊轮，辊轮高度调为 0。

（2）采集道岔原始数据

进场后对施工道岔进行原始数据的采集：包括轨距、高低、尖轨与滑床台间隙、尖轨与基本轨密贴度，并做好记录。

（3）松卸道钉、扣配件

用石笔标记道钉松卸范围、滑床板更换部位：Ⅰ表示道钉松动的始、终位置；×表示更换单辊轮的位置；××表示更换双辊轮的位置。道钉松动范围为更换滑床板前后 4 根枕木，滑床板更换位置需拆卸道钉、扣配件、轨撑。并将拆卸下来的东西妥善保管，避免遗失。

（4）起压机、垫方木

施工碎石道床时需先将转辙机角钢位置的道砟扒除，确认上步工作完成后方可起压机。钢轨打起后，立即将准备好的方木垫在钢轨下方。

（5）拆卸旧滑床板、更换新辊轮滑床板

拆卸旧滑床板需 2 名工人，同时 1 名工人配合用撬棍撬起尖轨。对于拆卸困难的应多人配合，避免野蛮施工。整体道床在拆卸过程中需注意保护道钉孔，避免灰尘、垃圾进入。将标记好的辊轮滑床板安装在相对应的部位。

（6）安装轨撑、扣配件

将拆下的轨撑、扣配件重新安装在新辊轮滑床板上。注意安装顺序，不要遗漏垫圈等小配件。

（7）撤方木、下压机

上步施工完成后，将轨下方木取出，落下压机。若碎石道床起压机前未扒去转辙机角钢处道砟，落压机时需做"放炮"处理。

（8）紧道钉

电务人员将尖轨由斥离状态摇到锁闭状态，观察尖轨与基本轨密贴程度，同时用塞尺测量尖轨与滑床台之间的缝隙，达到设计要求后，可以将松卸的道钉拧紧。此时另一侧道岔可以开始施工。

（9）调整辊轮高度

辊轮高度调整的前提是调整侧尖轨密贴。

1）用塞尺检查更换位置新滑床板和左右滑床板与尖轨的密贴程度，并做好记录。

2）松开螺栓，用扳手将辊轮调整到设计高度，具体见表 1 所列。

辊轮高度调整标准   表 1

	滑床台与尖轨密贴程度（mm）	0、0.5	1、1.5	2、2.5	3
双辊轮	辊轮与尖轨间隙（mm）	1	1	1	无法调整，辊轮失去作用
	内侧辊轮高度（mm）	2	3	4	
	外侧辊轮高度（mm）	3	4	5	
单辊轮	辊轮与尖轨间隙（mm）	1	1	1	
	辊轮高度（mm）	3	4	5	

3）拧紧螺栓，将 1mm 塞尺放在辊轮与尖轨中间，呈 45°角，用小锤轻击辊轮外框，

使辊轮、塞尺、尖轨密贴，并时刻注意辊轮高度，如有不对及时调整。调整好后抽出塞尺，并再次检查辊轮高度。

　　4）用力矩扳手拧紧螺栓，力矩为 70N·m。

　　（10）复检道岔尺寸

　　两侧滑床板更换完成，辊轮高度调试完毕后，复检道岔尺寸，做好记录。施工后道岔尺寸应满足《工务维修规则》中大修标准。

　　（11）电务调试

　　配合电务调试道岔，确保道岔搬动正常，并对辊轮进行微调。

　　（12）回检、撤场

　　由现场负责人组织线路回检，确认现场无遗漏后，撤离施工现场。

3.4　质量控制

　　为保证辊轮滑床板更换一次合格，应特别注意避免出现以下质量问题：

　　（1）道钉松卸范围小，容易导致打起钢轨困难，甚至致使产生变形。

　　（2）碎石道床转辙机角钢处道砟未清理干净，会导致角钢变形。

　　（3）施工过程中尖轨撬起太高，易导致尖、基轨不密贴或无法锁闭。

　　（4）滑床板空吊超出规定，辊轮无法起到滑动作用。

　　（5）确保辊轮调整到位，否则易导致道岔整体水平，或部分辊轮不起作用。

　　（6）轨距块安装不到位，会易导致轨距发生变化，影响道岔整体质量。

4　总结

　　辊轮滑床板更换完成后，经信号、线路监测道岔搬动阻力减小 15％～20％，较大程度降低道岔尖轨的扳动力，以保证尖轨的全程密贴，较大幅度地提高地铁道岔转换系统工、电双方的安全系数，降低了地铁道岔系统故障率，更有效保证高密度地铁列车行车的安全性；减少了地铁列车运行期间的养护工作量；滚轮滑床板不用涂油从而改善了维修工作的卫生条件。滚轮滑床板在地铁既有线改造中具有较大的推广价值。

参考文献

[1]　DB11/T 718—2010 城市轨道交通设施养护维修技术规范．

[2]　QB(J)/BDY(A)XL003-2009 北京地铁运营有限公司企业标准　技术标准　工务维修规则．

[3]　辊轮调整指导手册．

浅析地铁既有线交叉渡线改造施工

王万宝[1]　李显实[2]　赵　旺[3]　杨　博[4]

（1、3. 北京市地铁运营有限公司线路分公司；2、4. 中铁一局集团有限公司北京分公司）

【摘　要】　1号线是北京地铁单日客运量最大的线路之一，行车密度大，线路磨损大，尤其道岔磨损最为严重。四惠东站交叉渡线改造施工具有工作量大、涉及专业多、施工时间短等特点。通过24小时施工，合理进行资源配置、工序安排，安全、高效的完成施工任务，保证了次日地铁安全正常运营。

【关键词】　地铁；既有线；交叉渡线；封站；24小时

1　工程概况

北京地铁1号线是新中国成立后的第一条地铁线，也是目前北京市已开通地铁运营线路中最为繁忙的线路之一，日均客流量超过150万人次，尽管高峰最小运行间隔已达2分05秒，但仍然无法满足日益加大的客流需求。此次1号线信号系统改造工程可以有效提高1号线信号系统（含轨道工程、通号工程等）的整体质量、技术水平和安全可靠性。

四惠东站作为1号线的终点站和八通线的换乘站，其交叉渡线作为折返线每天搬动频次高达上千遍，其4号、11号、13号道岔磨损严重。此次改造内容包含60kg/m钢轨9号道岔5m间距交叉渡线4组转辙器及其连接部分和相应的木岔枕更换，既有的直线尖轨改造为曲线尖轨，道岔转辙器和连接部分重新设计，接触轨需要拆除和恢复。经过改造后的交叉渡线直向和侧向通过速度将由原来的30km/h、25km/h，提高到35km/h、30km/h，有效缩短了行车间隔，提高了折返能力（图1）。

由于四惠东交渡改造工程量大、配合专业多、施工场地局限等因素，特申请2013年10月19日临时停运1号线四惠东站1天，通过24小时施工一次性改造完成。

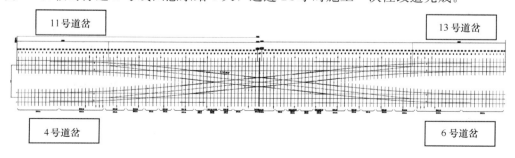

图1　交叉渡线示意图

193

2 施工准备

由于既有道岔与新铺道岔曲线半径不同，为保证施工更换顺利进行，完成以下施工准备，为该组道岔施工改造制定了依据：

(1) 核对道岔各部尺寸、扣件及垫板类型及尺寸；

(2) 道岔朝向及开向、绝缘子及托架在枕木上的布置；

(3) 轨道车进入路由及配合方式；

(4) 地下管线情况及周边环境。

3 施工特点和原则

3.1 施工特点

既有线车站临时封站一天，对旅客出行造成不便，线路改造开通后立即投入运营，在保证安全和进度的前提下必须保证施工质量。

地铁封闭区段施工，不具备整组预铺直接滑移到位条件，需采用原位铺设，施工时间短、工作量大，且24小时连续施工，必须进行合理部署，有效分配人工和机具。

轨道吊全程配合轨料的装、卸，必须保证施工过程各项环节紧密连接，有效提高施工效率，确保按时完成改造任务。

交叉渡线改造是一项复杂得多专业配合工作，涉及轨道、通号、供电、车辆等，需要各个专业在限定时间内高效的完成协调配合，保证改造顺利完成。

3.2 施工原则

施工前首先进行场地预铺，将道岔的各部位尺寸调整到位。施工中利用人工与轨道吊车配合迅速将旧道岔拆除、新道岔铺装、精调到位，在有限的时间内完成大工作量的施工，确保地铁准时、安全开通。

4 施工方案与工艺流程

4.1 施工流程

施工主要根据以下流程进行：场地预铺；轨料拆解、装车；接触轨截断、验电测试；轨道车进场、解体、机具卸车；拆除道岔、旧料装车；扒道砟、平底；新料下车、组装道岔；粗调道岔、回填道砟；精调道岔；道砟捣固；线路复检；清理施工现场；人员撤场；轨道车退场；接触轨焊接、供电。具体如图2所示。

4.2 施工方案

交渡改造按照先预铺、后现场为主要施工步骤。现场施工时按照一行单线施工为原

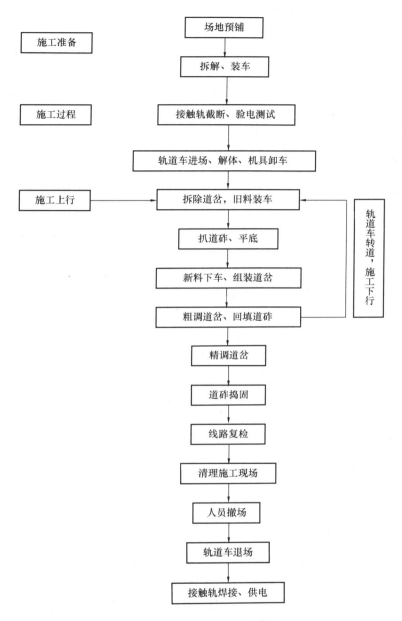

图 2　交叉渡线更换施工工艺流程图

则，即轨道车配合时占一行线路进行对应临线施工，待一行施工完毕后再进行下一行施工（首先施工 11 号、13 号道岔，完毕后施工 4 号、6 号道岔）。

1.2.1　场地预铺

（1）预铺的目的

场地预铺是对现场施工的强有力准备，能提前解决施工现场中遇到的各类问题：

1）可以检验各种新配件是否齐全匹配，尺寸是否正确。

2）加强施工人员对该组道岔结构的认识，提高改造速度和质量。

3）针对新、旧道岔的不同之处，可以提前做好各种预防措施，所有的问题在封锁施工前全部解决。

4）预铺后，进行准确、清晰的标识。分段装车，便于施工现场材料管理，保证现场施工顺利进行。

（2）预铺施工步骤

1）按照排摆枕木、散铁垫板、放钢轨、上扣件、调整道岔尺寸、枕木钻孔的施工步骤将交叉渡线分为四组单开道岔进行预铺。

2）预铺操作要点如下：

①枕木按照图纸间距摆好后，需对直股一侧枕木头方正整齐，接触轨绝缘子位置要预留足够的长度。

②安装扣件时需严格按照图纸施工，严禁几种类型扣件出现在钢轨的同一侧。

③将直股拨顺直，然后对照铁垫板孔位在枕木上钻孔，固定好直股钢轨。钻孔时需再次对枕木进行方正。

④用轨距拉杆将道岔的主要控制尺寸拉出来，对曲股钢轨进行固定。导曲线处应先根据直股及支距确定一侧曲股位置，再用轨距拉杆将曲股轨距拉出来进行定位。

⑤木枕孔反复使用几次会变大，所以预铺时轨距需小 1～2mm，钻头直径为 13mm，钻入枕木深度为道钉的 1/3，用扳手拧紧道钉。

⑥木枕钻孔只钻对角的两个孔位，等待验收合格后再将其余孔位钻好，拧紧道钉。

3）质量检查

道岔连接完毕后检查各部位材料数量、道岔位置、轨距、扣件安装、导曲线支距、附带曲线支距、轮缘槽宽度、尖轨密贴程度等项目是否符合规范要求，并进行验收。

4.2.2 道岔拆解、装车

对验收合格后的预铺道岔枕木进行编号，铁垫板与钢轨相对位置标记，注明钢轨长度、位置，然后将道岔拆解，扣配件分类装袋并做好标记，枕木四根一捆用钢丝绑好。

根据轨道车运行图确定轨料装车方向以及钢轨在平板车上的摆放位置，长钢轨需放在施工的一侧。

4.2.3 接触轨截断、验电测试

由于施工现场的特殊性，需对接触轨进行部分切断断电处理，以保证施工现场安全。

待接触轨停电后，用锯轨机将事先确定的位置处的接触轨进行截断，然后人员撤出场地，等待电务人员对接触轨送电、验电，确认施工区域没有电流后，方可进场施工。

4.2.4 轨道车进场、解体、机具卸车

轨道车进场后，依据单行线施工方案，对编组轨道列车进行二次解体，停在下行（4号、6号道岔），对上行（11号、13号）两组道岔进行施工。待轨道车停稳后，组织人员将施工机具卸至指定地点。

4.2.5 拆除旧道岔、旧料装车

迅速将旧道岔的接头夹板、扣件拆除，装袋。由轨道车配合将旧钢轨直接吊上平板车，旧枕木带着铁垫板直接装车，清理现场，确保现场无旧料。

4.2.6 扒道砟、平底

扒道砟由全员参与，用铁锹、四齿耙等工具用最快速度将道岔里道砟扒至道岔两侧。

宽度需满足枕木长度、深度需满足枕木下 70mm。

4.2.7 新料下车、组装道岔

道砟扒到位后，由轨道车配合将新枕木按照编号依次卸下，组织工人迅速将枕木依据图纸要求摆开。枕木摆开后，将新钢轨按照技术员的指挥一次卸到位，避免人工搬运。

组织熟练工人按照预铺标记连接钢轨，连接接头夹板，上扣配件，对道岔进行组装。

4.2.8 粗调道岔、回填道砟

道岔组装完毕后进行粗调道岔方向、轨距、尖轨密贴度，将道砟均匀地填充到轨道内，用起道机将钢轨在几个点抬高并用道砟垫实，抬高后的轨面应大致平顺，没有明显的凹凸和反超高，并立即向轨枕下面串砟捣固密实，不得有空吊板。然后将线路拨到设计位置，达到直线顺直，曲线圆顺。最后补填轨枕盒内道砟使其饱满，以便进行道岔精调。

4.2.9 精调道岔

整组交叉渡线组装完毕，轨道车退出施工区域后，将轨道抬高并按设计标高预留一定的起道量，配合小型机械进行拨道、捣固作业并达标。最后补足轨枕盒内道砟，边坡整形，使之保持稳定。并对道岔进行精调，主要参数为：道岔顺直、长平、轨距、支距、水平、轮缘槽宽度、尖轨密贴程度等。

4.2.10 道砟捣固

道岔精调完毕后，由机械操作工操作道岔捣固机对道砟进行捣固。捣固范围要广、时间要长、次数尽量要多，确保道砟密实，轨道车通行后不会出现线路沉降。

4.2.11 线路复检

道岔精调、捣固完毕后，通知业主技术人员进行复检，对存在的问题进行及时整改，确保线路正常开通。

4.2.12 清理施工现场、人员撤场

施工完毕后将施工机具、生活垃圾等清理干净、装车，确保工完料清，并对轨道车上的物品进行加固，防止在运行途中遗落。

清点施工人员，确认无误后撤场。

5 质量检查

5.1 质量注意事项

为保证改造施工的顺利完成，在整个施工过程中必须特别注意以下事项：

（1）必须保证提前预铺施工质量，道岔尺寸达到标准要求。

（2）轨料装车时道岔方向、长轨位置应符合现场实际施工要求。

（3）道砟平底需到位，否则落道困难。

（4）新轨料下车，位置摆放需正确。

（5）道砟振捣必须密实，否则造成道岔下沉，影响行车。

（6）拨道时需将枕木头处道砟清空，否则会致使水平不好。

5.2 质量标准

依据北京市地铁运营有限公司企业标准《工务维修规则》QB（J）/BDY（A）XL003

（2009 年版），当日施工达到综合维修标准，7 日后达到大修标准。

6　总结

经过 10 月 19 日 24 小时连续施工，1 号线四惠东站 60kg/m 9 号道岔 5m 间距交叉渡线圆满改造完成，施工质量一次合格，各项新设备一次性调试成功，确保了次日的地铁正常运营，实现了四惠东站交叉渡线折返能力的提高，也为后续地铁既有线路交叉渡线改造提供了可借鉴的经验。

建筑总包企业人工成本管理形势及对策研究

赵山江

（北京建工劳务开发公司）

【摘　要】 作为劳动密集型行业，劳务作业人员是建筑总包企业的重要核心资源，其人工费是建筑工程费用构成的主要部分。笔者结合自己多年的实际工作经验，参考大量文献资料，对直接成本中人工费成本的管理形势进行分析总结，提炼出当前人工成本管理的六个趋势，由此给出管理建议，供行业内管理人员参考。

【关键词】 成本管理；劳务；人工费；建筑总包企业

随着我国经济持续平稳快速发展，社会基础设施投入加大，城镇化进程的深入推进及房地产业的蓬勃进步，建筑总包企业也迎来大好商机。作为劳动密集型行业，劳务作业人员是建筑总包企业的重要核心资源，其人工费是建筑工程费用构成的主要部分。人工成本管理的好坏，直接影响总包企业的盈利水平，是优秀的总包企业必须修炼的内功。

1　人工成本管理形势分析

（1）劳动力供应紧张助推人工费价格上涨。我国正处于走向刘易斯拐点的进程中，劳动力市场结构由原来的供大于求转变为基本满足需求，人口红利逐渐消失，人工费单价连年上涨。住房和城乡建设部标准定额司主办的中国建设工程造价信息网数据显示，2013年四季度，全国综合人工成本平均日工资为 132.83 元/工日❶，比 2012 年同期上涨13.7％，比 2011 年四季度上涨 24％。笔者所在的北京建工集团，对近 3 年所有办理劳务招投标的项目进行汇总分析，建筑面积综合人工单价一项，2012 年均价为 206 元/m²，2013 年均价为 248 元/m²，2014 年一季度均价为 290 元/m²。此外，按工种工日单价、工程实物工程量人工单价等计价方式的统计分析，也反映出人工费价格持续上涨的趋势，需要所有总包企业正视这一客观形势。

（2）减少支出是目前总包企业的主要手段。行业内总包方让利、低价中标是普遍现象，人工费一项大多处于亏损状态，业主或建设方的招标文件或合同文件均比较苛刻，明确约定了人工费结算时不可调整，因此在人工成本管理这一课题上，"开源"增加人工费

---

❶　全国综合人工成本人均日工资，中国建设工程造价信息网
http://www.cccn.gov.cn/CecnReport/PlusReport.aspx. 2014 年 5 月 27 日.

收入的对策和研究较少。优化工序、提高效率、减少窝工等"节流"措施，成为当前各总包企业降低人工成本的主要进攻方向，行业内管理者各显其能，研究对策。

（3）总包对劳务分包的依赖逐渐加大。近些年，项目责任承包制（直接的或变相的）大行其道，总包项目为了节约成本精简管理人员，把部分职能转交给劳务分包完成，如一些项目部依靠劳务分包企业的工长，从事施工现场管理工作，测量、放线、试验、资料等岗位也依赖劳务队伍代为完成。总包企业中既能指导现场施工作业，又能在过程中及时检查验收、指导返工修补的工长出现明显断层。对劳务企业的依赖直接增加项目成本控制的难度。

（4）承包制、计件制成为劳务企业内部主要分配方式。2010 年和 2013 年，笔者参与了两次针对劳务企业内部管理状况的专题调研，抽取了 20 余家劳务企业进行访谈，涵盖了土建结构、装饰、水暖电安装等各种类型的企业。调研反映出，劳务企业内部形成了公司-队伍-班组-工人的几级承包体制，班组一般实行承包制，工人工资实行计件制，只有少数不宜实行计件制的工种实行计时制（如焊工）。短期窝工时，计时工人照发工资，计件工人则没有工资。承包的优势主要是明确管理责任、调动工人积极性、提高生产率。但不足在于逐级增加人工费成本、班组长权利较大、容易发生侵害农民工权益的事件。

（5）劳务分包商利润预期大。笔者调研发现，劳务企业利润预期偏高，大多数企业利润预期值在劳务合同额的 10% 以上，装修队伍和水暖电安装队伍预期值更高达 20%～30%。达不到这个预期值，诚信的劳务企业选择不接分包项目，诚信缺失的劳务企业则采取低价进场、坐地涨价、拖延进度、高价退场等方式，获取利润。上涨的人工费加上劳务企业较高的利润预期，是目前劳务企业报价普遍超出总包企业测算的主要原因。

（6）劳务合同结算价格普遍超出合同价款。劳务合同履约过程中，合同外增项、零星用工、停工、窝工等时有发生，成为总分包双方争议的焦点，如果在过程中不能做到及时确认、及时签认，到竣工结算时往往争议较大，结算额超合同额较多。还有部分企业以人工费上涨为理由，要求增加劳务结算金额。劳务合同结算时限越长，结算金额与合同额的差距越大，及时结算、支付劳务费，有助于抑制不断上涨的劳务人工费。

2　总包企业人工费成本管控对策

（1）树立人工成本管理的全局观，正确认识人工费上涨的客观形势。总包企业要强化项目部在人工成本管理方面的主体作用，要调动施工一线预算商务、材料、安全、施工、技术等部门，在工期管理、质量安全监控、材料管理上下功夫。不要把人工成本管理简单等同于压低分包价格，与外施队长"斗智斗勇"，而要把精力放在提升自身管理、过程精细管控、工序合理优化、合理控制材料损耗等方面。总包企业订立劳务合同时不要迷信于"平米包干"、"总价包死"等简单的合同条款，如果劳务分包真出现"亏本"的情况，这种"包死"合同条款基本对其没有约束力，往往引发频繁的纠纷、群访等，最终还是总包企业解决。要正确认识人工费上涨的客观形势，畅通人工价格调整机制，约定好分包合同价格风险幅度范围、调整依据、调整标准和调整程序，超过风险幅度范围的，应当及时调整。

（2）"开源"与"节流"并举，缓解人工费入不敷出的难题。总包企业要利用一切可行手段，千方百计争取业主和建设方的理解，按市场涨幅适当调整人工费，打开人工费收入增加这个"通道"。以建工集团的某项目为例，总包合同条款极为苛刻，综合单价除钢筋和混凝土主材承担市场5％风险后可调价差外，其他所有单价均固定包干，工程量仅调整暂定数量。该项目投标时人工费预计亏损500万元，到项目开工时，市场人工费对比投标价格上涨幅度达到45％，涨价后仅人工费一项亏损超过1000万元。项目部并未简单停留在"节流"，而是与业主分析设计图纸、定位点、施工条件等因素，主张地下车库延迟开工，取得一致意见，并获得人材机价格补差800余万元，大大缓解了项目人工成本压力。

节约支出方面，主要的手段有：运用先进技术工艺降低用工数量、优化施工方案提高各工种配合效率、合理安排工期减少抢工和窝工、推行施工现场实名制管理等，如前所述，节约支出是当前行业内管理者和专家们重点论述的内容，在此不再赘述。

（3）加大优秀工长培养力度，降低对劳务分包的依赖。合格的工长，对建筑工程质量、安全生产、成本控制、材料节约等各项指标直接负责任，可以带动劳务分包，促进项目履约，但工长培养却是长期过程。总包企业要减少相互"挖墙角"、东拼西凑等低级竞争，从现在起树立工长危机意识，制定企业的工长培育战略。建立和完善总包企业内的施工管理系统人才库，依据企业实际情况制定老中青几代工长的"传、帮、带"计划，使新老交替常态化。与高等专科学校、职业技能学校合作开展委托培养，按照"定向招生、定向培养、定向就业"的原则，既缓解这些学校的"招生荒"，又培养总包急需的工长人才。采用差异化的考核机制，对工长岗位不实行绩效考评，而偏重以技术能力、安全意识、奉献意识、责任意识为考核要素，吸引新入职员工走上工长岗位、激发在岗工长的工作热情、留住宝贵工长人才。

（4）摒弃粗放式的"平米包干"发包，在劳务分包中推行工程量清单计价方式。班组承包制已经成为劳务企业内部主要的结算分配制度，总包企业在劳务分包时实行工程量清单计价，能有效控制劳务企业报价中的水分，在项目发生穿插施工、抢工配合、中途退场等情况时，工程量清单优势更为明显。具体操作上，由总包项目部提供工程直接人工费中劳务作业项目名称、部位和工作量，各劳务分包企业对各施工作业项的直接人工费进行报价，在此报价基础上，按一定比例计提小型机具费、辅助材料费、文明施工费、管理费和税金。各项费率比例由总包项目部进行统一，各劳务企业仅对作业项直接人工费单价进行竞争性报价。以清单价格对比选择优秀劳务分包方，清单报价作为劳务投标报价、劳务合同清单、劳务费结算各环节的依据。

（5）建立班组长资源库，及时了解市场人工费水平。总包企业依托各总包项目部，建立钢、木、混、砌筑、抹灰、焊接、脚手架及电暖电安装等主要工种的班组长资源库，定期与班组长沟通，进行市场询价，掌握班组价格的浮动。在企业内部定期发布人工费价格信息，适时反映建筑市场人工费价格变化，为总包项目队伍选择、合同谈判、过程结算提供依据和参考。班组长资源库的建立可以有效控制劳务企业漫天要价，抑制其过高的利润预期，引导其通过提升自身管理来追逐合理利润。

（6）过程结算与竣工结算挂钩，加快竣工工程结算周期。劳务费结算、支付的及时与否，对劳务价格有相当大的影响，及时结算、支付劳务费，有助于抑制不断上涨的劳务价格。总包企业要通过制度设计，引导项目部把劳务合同的每一次过程结算都当作最终结算来做。合同外用工和合同内增加用工，不宜"堵"，而要"疏"，在劳务合同中提前约定好合同外用工和零星用工的工作量计算规则，明确此部分用工的工日单价，约定好发生后的记录、结算程序。群体工程分栋号，单体工程分节点进行及时总结、结算，做好过程中洽商变更的签认手续，为竣工结算的顺利开展创造条件。

（7）开展总包企业组建自有劳务企业尝试。建立多元化的建筑用工方式，允许施工总承包、专业承包、劳务企业相互申请资质，是住建部加强和完善建筑劳务管理的思路和措施。组建总包企业自有劳务公司，既能解决部分劳动力供应问题，又能对现有劳务企业形成有效牵制，稳定和降低劳务企业报价，还能进行专业工长、专业技术工人的培养，具有重要的战略和现实意义。

参考文献

[1] 黄丽. 施工企业人工成本的管理. 中国电力教育，2009，(2).

[2] 孙海伏. 浅析建筑工程施工阶段的造价控制. 商情，2012，(14).

[3] 罗征. 加强建筑工程项目成本控制之我见. 科技信息（科学·教研），2007，(22).

[4] 陈祥. 谈降低施工项目成本的施工途径和措施. 城市建设理论研究（电子版），2013，(28).

[5] 廖陈斌. 建筑工程管理中的施工现场管理的若干思考. 房地产导刊，2013，(22).

[6] 许雪玲. 建筑安装企业工程项目成本费用控制. 中外企业家，2013，(12).

[7] 许晓华. 浅析建筑安装企业成本降低问题与对策. 会计师，2011，(4).

[8] 张玉英. 浅谈企业人工成本的调控体系与对策研究. 管理学家，2011，(3).

[9] 张闯生. 建筑工程成本管理中施工预算的有效作用. 低碳世界，2014，(6).

[10] 张景平. 工程量清单计价模式投标报价过程中的几点体会. 中国科技纵横，2012，(19).

[11] 孙文华. 浅谈建筑工程项目成本管理的方法和技巧. 中国科技博览，2012，(26).

[12] 张云. 如何加强工程项目成本控制与管理. 铁路工程造价管理，2011，(3).

[13] 赵魏科，郭云斌. 浅谈建筑项目工程成本管理的现状及对策. 城市建设理论研究（电子版），2013，(13).

[14] 王吉飞. 我国建筑劳务企业的现状及发展. 华北电力大学学报（社会科学版），2010，(2).

[15] 段格格. 浅析建筑劳务企业发展成本. 经济师，2012，(10).

[16] 刘军强. 当前建筑劳务企业存在问题的分析. 企业科技与发展，2012，(1).

[17] 任伟. 建筑劳务公司管理存在的问题及对策. 中外企业家，2014，(3).

[18] 劳瑞坤. 试论建设工程计价依据中人工成本转型管理. 价值工程，2013，(17).

[19] 王金玉. 建筑人工费：治亏与止损. 施工企业管理，2014，(3).

在施"高层建筑利用工程永久消防设施"为企业节本增效

赵广志 赵立民 王井峰 宋立艳

(北京城乡建设集团有限责任公司工程承包总部)

【摘　要】 本技术方法已在"常营三期剩余地块公共租赁住房项目一标段"、"常营三期剩余地块公共租赁住房项目二标段"工程施工中实践应用,实践证明此方法对于在施高层建筑施工期内的安全消防效果良好,安全可靠,全过程消防无缝隙;节约钢材,节约人力、物力,绿色环保;经济务实,降低施工成本。对类似高层建筑施工具有较好的推广意义。目前,已在我公司:昌运宫大厦、西二旗705地块等项目推广、应用。

【关键词】 永久消防设施;安全可靠;绿色节能;经济务实

1　绪论

2013年9月,我公司于常营三期剩余地块公共租赁住房项目临时消防水施工中,利用正式消防设施替代传统的临时消防设施的方法,在满足了施工现场临时消防相关法律、法规要求的前提下,同时大大节约了项目的建设施工成本,避免了临时消防管道安装对装修工程施工的制约。此做法的优势是:安全可靠、绿色节能、经济务实。

高层建筑临时消防管道及施工用水传统上是沿着建筑物外沿布置,结构施工时随着施工进度跟进。固定在外檐上,外檐装修后拆除。

拆除过早时,室内正式消火栓系统因未投入使用,造成建筑物在交工前的一段时间内,无消防设施,存在较大安全隐患,建委执法部门发现后,还会责令整改并进行处罚。

拆除过晚,影响外立面装修作业正常进行,给装修施工作业带来极大不便,同时造成装修效果不佳,拆除时易造成外立面装饰装修损坏,给创优工作带来较大困难。

2011年,中华人民共和国住房和城乡建设部发布《建设工程施工现场消防安全技术规范》(GB 50720—2011),2011年6月6日发布,2011年8月1日实施。该规范要求:在建工程临时室内消防竖管的设置应符合下列规定:

消防竖管的设置位置应便于消防人员操作,其数量不应少于2根,当结构封顶时,应将消防竖管设置成环状。

按此规范的要求高层建筑施工消防用水立管的设置,如按传统做法进行施工设置,给外立面施工造成的难度更大,安全性也存在危险。临时设施投入也增大。

在此背景下,我们建议"常营三期剩余地块公共租赁住房项目一标段"、"常营三期剩余地块公共租赁住房项目二标段"项目施工时,利用永久消防设施代替临时消防设施。得到了项目部的项目经理、专业工长的支持和积极响应。

实践证明，合理利用在建工程永久性消防设施兼作施工现场的临时消防设施，做法可行，安全性能可靠，节约钢材，节约人力成本，减少安装拆除时的污染物的排放，体现了绿色环保节能，经济务实。

2 工程概况

2.1 工程基本情况

工程基本情况见表1所列。

工程基本情况表   表1

序号	项目	内　容
1	工程名称	常营三期剩余地块公共租赁住房项目一标段、二标段
2	工程地址	北京市常营乡朝阳北路管庄路口东南角
3	建设单位	北京市保障性住房建设投资中心
4	监理单位	北京北咨监理管理公司
5	设计单位	华通设计顾问工程有限公司
6	勘察单位	北京市勘察设计研究院有限公司
7	施工单位	北京城乡建设集团有限责任公司

2.2 工程简介

常营三期剩余地块公共租赁住房项目一标段，1号车库：地下1层；2号车库：位于地下2层；13号小学、17号商业：地上4层；5号楼：地下1层，地上28层；6号、7号楼：地下2层，地上27层；15号、16号、18号商业：地下2层，地上2层；19号开闭站：地下1层，地上2层。工程建筑面积105000m²。建设地点位于朝阳北路管庄路口东南角。其中，5号、6号、7号楼：高层建筑消防管道利用永久消防立管。

常营三期剩余地块公共租赁住房项目二标段工程，包括1号住宅楼、2号住宅楼、3号住宅楼、4号住宅楼、8号办公楼、9号行政办公楼、10号派出所、11号敬老院及残疾人康复中心、12号幼儿园、14号配套商业、3号地下车库及4号地下车库。工程总建筑面积10.66万m²。建设地点位于北京市朝阳区常营乡朝阳北路管庄路口东南角。其中，1号、2号、3号、4号楼、9号行政办公楼，高层建筑消防管道利用永久消防立管（图1）。

3 消防系统设置

我单位常营三期剩余地块公共租赁住房项目一、二标段工程项目，在临时消防设施的设计及施工中时，高层建筑工程利用正式消防水系统，提前插入施工，替代传统做法中的临时消防设施。

施工现场消防干管沿主要道路一侧设置，管径DN150，并设置室外消火栓、消防水泵接合器，消火栓间距不大于120m，消防管道形成环路；各高层建筑的消防管采用工程永久管道（包括地下一层干管、立管、顶层连通管），管道安装按工程设计的要求和相关

图 1　常营三期剩余地块公共租赁住房项目效果图

规范要求标准安装，立管安装进度随着建筑物主体进度安装，距施工作业面间隔层数不大于 3 层，结构封顶后，在顶层消防立管管道连通。高层建筑物内的消防管道需采用塑料薄膜进行成品保护，采取防止污染措施，如冬期施工，还需采取防冻保温措施；施工用水由现场环形消防管道上引出，引出点不超过 2 点并加设阀门（引至各个建筑物临时施工用水立管），如现场发生火灾，立即由专门管理人员关闭施工用水阀门，使该系统成为消防专用系统；水泵房设置在施工现场靠近水源来水一侧，水泵房内设置了消防泵 2 台，施工用水水泵 2 台，一台 60m³ 水箱（水泵参数、水箱容积均通过现场实际情况计算选择）；消防水泵管道与施工水泵管道连通，利用施工水泵运转的工作压力做消火栓管道稳压的作用；施工用水水泵采取变频控制；同时对水泵进水管进行改造，在水泵进水管与水箱连接，同时与市政管网水源连接，在水箱出水口前装一个止回阀，确保水箱内的水只能进入水泵，市政自来水水源不能从水箱出水口进入水箱，利用市政给水本身的压力，六层以下生产、消防用水压力满足要求时，水泵不启动；超过六层时，系统压力调至所需压力，施工水泵进入稳压状态，自动运行；当火情出现时，消防泵启动，满足消防用水量要求的；通过对该系统设计，大大降低了施工水泵、消防水泵电能的消耗。

4　传统做法与新做法的优缺点比较

4.1　安全可靠性的比较

传统做法：消防管道采用室外沿建筑物安装，顶部需连通；不便于工人操作，临边作业，需拆除，安全性低，造成出现高处坠落、物体打击等危险因素。拆除时间过早，工程施工未结束，出现消防设置真空段，建设主管部门会进行处罚。传统消防立管做法如图 2 所示。

新做法：消防管道采用永久管道，室内安装，便于

图 2　传统消防立管做法

图 3 新的消防立管做法

工人操作，无临边作业，不需拆除，安全性高，可避免高处坠落、物体打击等危险因素。不会出现消防设置真空段，不会被建设主管部门处罚。新的消防立管做法如图 3 所示。

4.2 绿色节能、经济性比较

传统做法：消防管道、消火栓、水枪、水带等需要投入支出购买，消耗钢材，增加施工成本，工程施工结束需拆除、回收、运回仓库、保存管理。拆除时，易造成外立面装饰装修工程的损坏，需土建反复修理，影响装饰效果。

新做法：消防管道采用永久管道，安装使用永久设施，节约钢材，降低施工成本，工程施工不需拆除、回收、运回仓库、保存管理，不破坏外装修，不需返修；管道、消火栓、水枪、水带等安装后需采取一定的保护措施（缠塑料布保护），需加强管理，宣传消防设施严禁他用。

5 利用永久消防设施的应用效果分析

5.1 经济效果

本工程两个标段，两个项目部施工，在系统设计时，统一设置临时消防系统为两个标段共用；高层建筑施工同时利用单体内正式消防干管、立管、阀门、枪头、水带等为临时消防使用。此做法减少了临时设施的投入，降低了施工成本。系统设置合理，安全可靠，节约电能。详细具体地进行经济效果分析，工程竣工后进行总结。

5.2 工期、质量效果

在以往项目中，正式消防水在投入使用后，临时消防管道方可拆除。但此做法给装修工程工序安排、施工工期造成了一定的制约。此工艺可有效避免临时消防管道与装修工程作业面的交叉；减少了施工难度，缩短了施工工期，室外装饰装修一次施工完成，不出现破损、修补，装饰效果良好。得到了建设单位的认可和好评。

6 结论

正式消防设施替代传统的临时消防设施的方法，满足了施工现场临时消防相关法律、法规的要求；避免了作业面的交叉、减少施工难度、消除安全隐患，为外装修装饰创造了有利条件，减少了外装修的返修，较好地保护了装饰装修效果，节省了工期；节约了钢材，起到了节能减排的效果；节约了安装拆除费用，大大节约了项目的建设施工成本，对于高层建筑工程施工建设具有较高的推广价值。

参考文献

[1] 中国建筑第五工程局有限公司. GB 50720—2011 建设工程施工现场消防安全技术规范 [S]. 北京：中国计划出版社，2011.

浅谈建筑施工企业的造价管理

刘红梅

（北京建工集团有限责任公司）

【摘　要】　随着建筑市场越来越规范化，建筑设计、施工难度的增大，项目管理水平对企业利润的影响越来越大，尤其是施工过程中的造价管理尤其重要。本文从投标前期的策划、分析；合同重要条款的把握，全员成本意识的增强；通过过程中二次经营来创效、增效；注重过程管理，促进结算工作；提高造价人员的综合素质等几个方面进行了一些思考。

【关键词】　经济分析；策划；成本意识；二次经营；过程管理；结算

在建筑工程施工管理中，如何有效地进行工程造价的管理、控制，并在确保工程质量、安全的前提下，降低工程造价，提高项目的收益率对施工企业来说至关重要。根据多年的工作经验，我浅显地认为，关于造价管理应从以下几个方面考虑。

1　投标前期，应科学运作，做好前期的经济成本分析及策划

以往我们投标主要是依据图纸、清单、定额、相关文件、市场价、算量、套定额、组价，依据标底或相关信息采取一定手段、技巧，向中标的目标值努力。但随着工程越来越复杂、科技含量的增大，以往的经验不足以借鉴，也无相应的定额或相关文件可供参考，只能粗略估算，这样难免出现一些子项投标价与实际发生额出入很大的问题。比如我们施工的某会议中心项目，位置在北京郊区的偏远山区，定额中没有此类子目可参考，但由于该项目地处山区，地势构造复杂，结构类型也很奇特，投标时对地基处理无法考虑周全，以致施工时地基处理部分实际发生的措施费增加 2321 万元，喷锚护坡 289 万元，混凝土基础处理之泵送费 141 万元，而建设方以合同价款采用固定单价方式且措施费等风险费用为包死价为由拒不认可增加的费用，双方僵持不下，后虽经我方多次到造价处咨询，并得到造价处出具的支持性文件，但建设方并不认可造价处文件，致使结算工作受阻。

我们承接的某超高柔性钢结构项目（设计比较独特），建筑物高度 248m。招投标时，由于初设图的粗略及时间紧等客观因素的影响，针对此种超高、设计复杂的工程，没有经验值可以参考，投标时未能充分考虑其施工的复杂性，对措施费、机械费估计不够，造成机械费亏损。例如投标文件中只是按"项"计取了 82.5 万元的大型机械进出场安拆费，可在实际施工中一台动臂塔安拆费就达到 110 万元。

招投标时，垂直运输机械费用共计 386.53 万元，而在施工过程中一台动臂塔的租费就达到了 45 万元/月。动臂塔这一项的实际支出就达到了约 1600 万元。

针对此类情况，建议施工企业的造价人员一方面平时多注意积累此方面的经验数据，以便日后再遇到此类工程可为领导决策提供依据；另一方面在投标报价时，要组织相关专家、领导等进行研讨，尽可能地把一些不可预知的风险降到最小。同时对投标报价文件做好经济分析，清楚哪一块我们能够盈利，哪一块存在经济风险，这样在签订合同及施工过程中我们就要尽量去满足或规避，同时针对潜亏项在施工过程中与设计沟通等进行技术创效，减小风险。

2 熟悉合同条款，增强全员的成本意识

合同签订前，合同谈判人员（造价人员）应熟悉招标文件及报价情况，针对合同条款有的放矢地进行谈判，尽量争取签订比较公平合理的合同，为日后组织施工及结算等打下良好的基础。合同签订后，项目部商务经理应组织全体管理人员认真学习合同文件，并对合同中的重点内容及风险点进行交底，因为合同是指导施工的手册，所有管理人员应了解、熟悉合同中相应的条款内容，而不仅仅是造价人员熟悉，同时要做好经济分析，做到先算后干，让大家清楚哪块盈利，哪块潜亏，这样便于在施工中能够有的放矢，在保障安全、质量的前提下，本着节约成本的原则，优化技术方案，通过员工提合理化建议、技术创新等措施降本增效。

例如北京某大学工程项目部在底板施工中以钢筋加工过程中的下脚料加工马镫代替成品马镫，节约成本 10 万元；防水材料经建设方同意，由 3mm 厚 APP 改性沥青防水卷材＋3mm 厚高聚合物改性沥青防水涂膜改为 2mm 厚聚乙烯丙纶防水卷材（双层），节约成本 20 万元；采用新型数字化龙骨支撑体系，主副龙骨由钢龙骨代替原有木方，节约成本 60 万元；轻集料混凝土小型空心砌块代替原有蒸压加气混凝土砌块，节约成本 30 万元；定型钢模板代替散拼木模板，节约成本 15 万元等，效果十分显著。

某奥体中心项目部在临设搭建前就考虑到包括民工宿舍及办公区共计用房 240 余间，总供冷、供热面积超过 5000m^2。如果全部安装冷暖空调，不仅投入费用大（约 40 余万元），且用电的费用在合同约定的三年工期时间里将达到 240 万元。项目部通过对当地气候、地质、水质等情况的详细调查和咨询，又设计了几种方案。其中，根据能量转换原理，充分利用地下水资源，采用变频恒压供水系统，通过冷水循环及燃煤蒸汽锅炉，达到制冷、供暖效果的方案得到大家的赞同。这一方案虽然在前期投入时需投入 40 余万元，但经过详细测算，这一系统比同等级中央空调系统降低能耗约 90% 以上，经过 2 个采暖期、2 个供冷期，设备运行良好，供冷、取暖效果显著。减少能耗约 60 万 kW·h、减少能源使用费用约 60 万元。采用这种方案，既做到了节能减排又大幅度降低了运行成本，减轻了项目的成本负担。

3 积极开展二次经营，多渠道创效

随着科技的发展，建筑设计得越来越复杂，造型越来越标新立异，一方面施工难度越来越大，另一方面投标报价时很多细节无法考虑周全，给后期的施工成本带来很大经济压力。这就需要我们在过程中积极开展二次经营，多渠道创效。

例如某体育场项目，该工程为 BT 承包模式，大量材料均采用现场认质认价的方式。业主通过考察、招标等方式全过程参与材料厂家的选择，造成材料价格全部透明，我方在价格上的利润空间受到很大局限。针对这一情况，项目部另辟蹊径，对材料价格保证合理的利润基础上，把工作重点放在工程量确认上。如：防水工程，根据实际土质和地下水位情况，增大防水工程面积，大幅提高了工程量，扩大了收入，使工程利润得到了保证。

又如看台阴阳角处防水附加层无纺布的施工，按照定额计算规则，应该全部包含在我方防水工程价格中，项目部预算与业主经过现场实地勘察，一次又一次磋商，大胆打破常规，将无纺布施工费用另行计取。由于看台面积庞大，增加了大量额外收入。从而使项目利润最大化。

同时，项目部又站在业主的角度考虑，既要满足业主在外观上的要求，又要为业主节省成本。例如：原来首层挑檐外为涂料外挂太阳能光伏板，既增加造价，又不便于施工，且利用率不是很高。后经我方建议，业主取消了光伏板，把涂料改为真石漆。既降低了人工费的支出，外观效果又令业主很满意。

我们某分公司就是这样不断站在业主的角度，替其出谋划策，而不是简单地一味追求怎样多从业主口袋里掏钱，从而赢得了业主的信任，接连承揽了几个大工程，在该地区站稳了脚，而且每个工程都取得了较好的效益，包括社会效益及经济效益。

该分公司的经营理念很值得我们推广、借鉴，在施工过程中，我们要把业主当朋友，而不是敌对方，凭着我们多年的施工经验，在满足业主使用功能的基础上，设身处地为其考虑，多为其提合理化建议，节省其资金，往往会赢得业主的信任，从而对我们的结算工作以及二次经营等都会起到很好地促进作用。

4 加强过程管理及结算工作

在项目实施过程中，项目部必须重视并加强过程管理。尤其是涉及合同价款调整的洽商变更、工期延误等资料的签证工作要及时，同时要注意索赔的程序和有关资料的收集整理，为日后结算时的索赔工作提供有力的证据。以免出现与建设、设计等单位之间的推诿扯皮现象，从而影响企业的声誉和经济效益。

同时施工企业及项目部的领导也必须清醒地认识到，造价管理工作不仅仅是造价人员的职责，全体人员都应有此方面的意识。尤其是技术工作与经济工作关系很密切。优良的施工方案既会节省工期，又能降低成本。这就要求我们的技术人员一方面要熟悉合同内容，另一方面更要与造价人员紧密配合，研讨何种方案最优化。现实工作中，我们往往为了要满足业主的要求，为了赶工期，不考虑成本，几个单体楼座同时开工，需要大量的人力、材料，殊不知此种施工方案大大增加了模板、人工等费用的支出，造成成本压力大。很多时候我们是根据业主、设计单位的口头指令，在没有完成签证手续的情况下，就对物资进行了采购、对工程的项目进行了拆改或施工，由于各方面原因，签证时不能及时办理，为日后的结算工作埋下隐患。

例如，上述某会议中心项目，在结算阶段业主以合同为包死价为由拒不认可调整，双方存在分歧的项目共计 4331 万元，其中抢工费用 676 万元，业主指令 172 万元。

某外省市体育馆项目建成并交付甲方使用已达 2 年之久，由于当时项目部自聘的造价人员早已离职，且施工过程中的洽商变更等没有及时办理完整的签证手续，给结算工作带来很大难度，该项目的结算工作迟迟没有进展。

更为严重的是个别项目商务人员缺乏积极主动性，存在等、靠业主反馈消息的想法，而不是积极主动地去找业主沟通协商，结算工作往往不及时，有的甚至是一拖 3、4 年。一方面项目经理或造价人员已转到别的项目，没有更多的精力投入过来；另一方面业主方可能有人员变动，就给结算工作带来很大难度，同时也不能使资金及时回笼，无形中增加企业成本。

5 培养一支高素质的商务人员管理团队

施工企业的造价人员不能停留在仅知道工程造价的相关知识，应不断地充实、扩宽自己的知识面，要熟悉相关的技术知识、施工工艺，多深入施工一线，了解施工现场的实际情况，掌握一些施工常识，这样在投标报价时才不会丢项、落项，尤其是一些措施项目，才能做到更接近于实际，而不仅是根据定额取费，造成入不敷出。同时通过去现场实地查看、学习，能够获得第一手资料，积累一些真实数据，为日后的工作及企业内部定额库的建立奠定基础。

每一位施工一线的造价人员都应熟悉合同中重点条款内容，在项目实施过程中，多与技术、施工等人员密切配合，发生洽商变更时应及时办理签证，收集好资料，善于抓住索赔机会，最大限度地维护企业的合法权益。

另外，要加强商务人员的系统建设，在过程中注意培养人才，做好"传帮带"，建立人才梯队，贮备后备力量。经验丰富的同志要多教教、带带身边的年轻同志，把自己多年的工作经验传授给他们，让他们少走弯路，尽快成长。而且要为年轻同志提供成长的平台，在工作中给他们压担子，在使用中培养，在培养中使用。作为总部的经管系统，一方面要帮助他们，给他们提供培训、学习、锻炼的机会，从中培养选拔优秀人才；另一方面也要把集团内外好的经验进行学习交流，取他之长补己之短，提高商务人员的综合能力，从而为提高企业效益作出贡献。

综上，要想做好施工企业的造价管理，涉及施工项目的全员、全过程管理，只有大家在各自的岗位上相互协调配合，项目最终结算时才会实现盈利的目标，企业才能健康、可持续地发展。

地铁施工企业项目管理模式探讨

赵富壮

（北京城乡建设集团城乡紫荆市政分公司）

【摘　要】　项目管理模式是地铁施工企业管理的根基，企业应重视项目管理模式对企业发展的重大作用。分析项目管理内在规律，认为高度目标性和体系化是项目管理的本质要求，并总结了项目管理的外部环境要求。在此基础上论述了项目管理模式的选择内容和依据，并提出管理模式塑造的诸多观点和方法。

【关键词】　地铁施工；项目管理；模式

1　前言

当今地铁施工行业市场竞争激烈，为了生存和发展，施工企业必然加大改革力度，一面外抓市场开拓，一面内抓管理，以增强企业的竞争能力。工程施工项目是企业利润的主要来源，项目管理是地铁施工企业管理的中心和纽带。施工企业的最终目标是效益，而提高效益的关键在于项目管理的实施效果，项目管理的好坏直接影响企业的信誉和效益，因此地铁施工企业项目管理的思路和方法要与企业发展战略高度一致。

项目管理模式是项目管理的根基，对企业的经营效益具有决定性作用。企业管理是一个动态过程，在实践中没有十全十美的管理，只有适合的管理。因而，施工企业的项目管理也只有在实施过程中，研究企业内外部环境的变化而持续调整，才能寻求到适用可行的管理模式。地铁施工行业内，理想的管理模式具有企业管理目标指向准确、管理体系完善、对外部环境适应性强的特点。

2　地铁施工企业项目管理的特征要求

2.1　高度目标性和体系化是项目管理的本质要求

项目管理是指在一定的约束条件下（在规定的时间和预算费用内）为达到项目目标要求的质量而对项目所实施的计划、组织、指挥协调和控制的过程。建设工程项目是一项具有明确目标性的、有时间和资源等限制条件下的复杂任务，因此项目管理的核心思想是以实现目标为导向的体系化运作。项目管理所包含的高度目标性和体系化的本质特性，要求项目管理必须运用系统工程的观点和方法对工程项目进行综合有效管理。

地铁施工项目要实现的主要目标包括进度、质量、成本、安全等方面，项目管理的各项活动必须紧紧围绕这些控制性目标的实现来开展，项目目标没有实现则项目管理就没有成功。同时在项目实施过程中，项目管理还融入了企业经营发展的管理目标，如人才培养、技术设备更新，以及企业信誉提高等目标，这些指标是对项目管理考核的加分项。

2.2 专业化、规范化、创新性管理是项目管理的外部环境要求

项目管理的外部环境包含的内容很多，大致分为政治、经济、文化以及行业等多方面因素。就地铁施工企业而言，影响项目管理的主要外部环境因素包括：

（1）目前，轨道交通和市政基础设施投资放缓，行业竞争加剧，企业有提高管理效率和开拓新市场的迫切需要。

（2）社会劳动力平均成本持续上升，同时盾构机、架桥机等新技术装备不断普及应用，以及施工阶段的专业化和施工工种的专业化，促使企业不断提高项目管理的知识化、专业化程度。

（3）全社会对施工安全和环境影响的密切关注，政府对工程质量和安全的高度重视，以及行业的规范化和标准化监管，促使施工企业工程项目管理必须正规、标准、严谨，并且能迅速对外部环境作出有效应对。

（4）现代移动通信和互联网技术的高速发展，给企业项目管理的内外沟通提供了高效便捷途径，企业应充分利用信息化平台变革管理沟通方式，创新管理理念。历史上每一次重要的技术革命，都会给管理方式带来突破性的发展。而工程项目作为复杂的一次性任务，创新性也是项目管理的内在要求。

2.3 一体化发展、扁平化管理是地铁施工企业的发展趋势

（1）项目管理一体化趋势明显

随着业主对工程项目的要求和期望值的提高，对工程的成本及质量的要求也在逐步提升。建设方希望设计与施工结合，或者希望行业能够提供工程产品的全过程服务，包括项目前期策划、设计、施工，以至运营维护。传统上对工程某个环节单一承包方式，越来越多地被 BT、BOT 等综合承包方式取代。

（2）项目管理结构扁平化的可行性增加

工程归根到底是干出来的，不是管出来的。扁平化管理的核心是压缩管理层级，减少信息传递流节点，提高组织效率。扁平化管理是大中型企业领导的梦想，但企业管理扁平化进程一直很缓慢。信息技术的应用为实现组织扁平化提供了途径和方法，沟通方式的变革，改善了组织中的信息流的速度和质量，从而减少中间层级的工作量，为实现扁平化创造条件。

3 施工企业项目管理模式的选择

施工企业选择什么样的项目管理模式，主要取决于企业采取的发展战略、经营理念和企业的资源禀赋。项目管理作为施工企业管理的核心地位，项目管理模式必须整合企业战略管理来通盘考虑，统一部署，在管理结构的基本问题上作出权衡。

3.1 合理设置组织机构，专业监管和任务完成能力平衡发展

企业组织结构一般包括直线制、直线职能制、矩阵制和事业部制，矩阵制被学界认为是目前最合适施工企业项目管理的基本组织结构，其典型模型如图1所示。

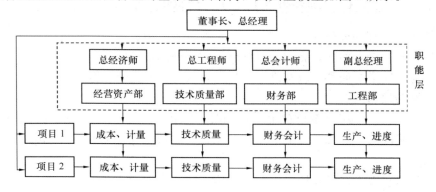

图1 典型的施工企业组织结构模型图

实际上矩阵制组织结构也是项目管理与施工企业管理有机结合，这种结构模型特点明显：

任务指令流和监管指令流共存，功能和作用不同。

从公司领导层到项目部内部某个工作部门，存在两条指令流：一条是通过职能层传达的专业性强的指令，称为监管指令；一条是通过项目部传递的任务性强的指令，成为任务指令。如果两条指令流发生冲突，由职能层与项目部协商解决，最终可能上升到领导层来裁决。因此，要分析判断企业任务能力和监管能力平衡状况，对两条指令流作出主辅之分来减少协调工作量。

（1）强化职能层专业指令。就是加大了公司对项目部的监管力度，强化职能层专业化的指导和监督作用，有利于公司对整体形势的把握和各个业务指标的实现，但其缺点可能是忽视了工程项目本身内在联系以及现场处置不及时，导致项目整体进展缓慢。

（2）强化项目部任务指令的力度。就是对项目部放权，增强项目推动作用，有利于工程项目进展和任务的完成。但弊端在于削弱了公司对项目的专业化监管，企业对项目部约束力不足，资源统一调度困难，向心力不够，企业整体经营效率下降。

（3）科学合理分配项目部与职能层的权责，平衡驱动力和管控力关系。

公司职能层与项目部职责分配，实质上是分权和集权选择。公司职能层的职责分配以专业为导向，项目部的职责分配以工程任务为导向。专业和任务两个方向都强有力，力量均衡，做到相互补充，不可偏废，既要做到单个工程项目的顺利施工，也要做到公司经营指标的整体可控。

项目部是公司经营活动的工作一线，直接面对复杂艰巨的项目施工任务，须对项目赋予必要的处置权限，调动现场人员的工作主动性和创新性，增强完成工程施工任务的动力。

加强公司职能层作用能够发挥其专业化的优势，真正成为领导层的参谋和助手，对项目部的业务作出科学的指导和监督。通过对项目部和职能层权责的合理分配，建立项目管

控模式。对于关系项目成败的重要经营活动，如主要分包采购、成本管理、质量安全等方面的管理，公司职能层要实行有效监控，降低企业管理风险。

3.2 合理设置组织机构，准确慎重调整局部层级，实现扁平化管理

组织结构模型可分两种：高长型结构特点是，管理层级多，管理幅度小，但增加了信息传递层级，造成机构臃肿，组织效率低下；扁平型结构与之相反，管理效率高，但同层级的沟通量和难度的增加需要组织内部高度的协调性来克服。

局部增加一层管理的初衷是加强某个方面的管理力度，但在对组织机构设置中，应充分考虑企业自身特点，尽量采用扁平化的组织结构，压缩机构和管理层级，提高组织效率。

4 项目管理模式的塑造

企业项目管理模式的塑造和变革，必然要克服旧有思维惯性，改变利益关系，因此会是一个艰难和渐进的过程。对管理模式的塑造，要从企业制度、人员激励、企业文化等主要层面，稳步开展和持续改进，形成一个基础扎实、体系完整、灵活高效的企业管理系统。

4.1 推行企业制度化管理，夯实项目管理的基础

制度化管理实质是以科学确定的制度规范作为企业经营活动的约束机制，体现了理性精神和合理化精神，是企业管理的秩序性基础。塑造项目管理模式要抓住企业制度的几个主要方面。

（1）抓住企业管理责任制的完善和落实。责任制是企业基础性制度，是其他管理制度的依据。根据企业管理结构的要求，在科学确定管理功能的基础上，完善各部门和主要岗位的管理责任制。其中项目管理责任的考核和落实是重点内容，对项目管理目标以及项目部承担的企业管理指标，进行科学准确的评价和奖罚，引导项目管理逐步走向正确的发展轨道。

（2）理顺工作流程，实现规范化管理。规范化、标准化操作是企业管理的内在要求，可使企业管理化繁为简，提高管理和工作效率。同时也是企业必须顺应的外部环境要求，规范化和标准化管理是地铁工程行业监管的重点，行政主管单位对企业和工程项目的规范化要求越来越高，从工程质量、安全、环保等方面，逐步细化到项目实施、现场等管理环节。规范化管理是大势所趋。

（3）加强体系化管理，完善项目管理系统。体系化是项目管理的本质特征，PMI 项目管理体系（PMI-BOK）中，把项目管理划分为 9 个知识领域，即范围管理、时间管理、成本管理、质量管理、人力资源管理、沟通管理、采购管理、风险管理和集成管理。对于地铁施工企业，项目管理要围绕进度、质量、安全、环境、成本等主要目标的实现，实施综合性系统性管理。其中，质量、安全及环境管理体系相对成熟，也有专业认证和监督，但企业仍需结合自身管理实际不断完善。而企业比较容易忽视进度、成本等管理体系的建立和完善，体系化水平较低。成本和进度管理体系化可能是企业项目管理的短板，也是体

系化管理的发展方向。

4.2　合理配置人力资源，加强专业人员的培养、激励机制

（1）人员配置是发挥管理机构功能的重要支撑，要根据管理结构的设计，配置相应数量和资质的专业人员，以充分发挥项目管理机构的效能。一般认为，施工企业人员配置总体遵循"大公司小项目"的原则来安排，公司职能层和项目部主要负责人的专业力量要强，这样有利于公司对项目的专业指导和监督，有利于在需要时公司可以对项目部迅速进行人员支持，也可以减轻项目部周期性成立和解散对人员需求的波动影响。

（2）加强专业人员的培养和激励机制，建立稳定、高素质、有创新精神的专业队伍。培养和激励方向要向专业人员倾斜，促使专业岗位不缺人才，人才不缺活力。项目部应该成为企业人才培养和成长的摇篮，通过实践锻炼人，培养职业资历、与企业高度认同的专业人员。

4.3　推动企业文化建设，为企业管理变革和塑造提供精神动力

企业文化是企业潜移默化的价值观念、思维方式和行为习惯，它从观念、信仰层次调动组织成员的工作积极性和忠诚心，在企业管理中其作用无可替代。企业文化需要企业领导人来推动，一定程度上说企业文化就是企业领导人的文化。

企业文化具有统一价值观的功能，在项目管理模式塑造过程中，能够弥补分歧，促进相互认可，减少管理变革的阻力。

企业文化可以起到提高组织内部沟通效率的作用，使得企业内部协作更为顺利，也为组织扁平化提供了有利条件。

5　结论

地铁施工企业管理者应及时分析企业发展所面临的外部条件，把握行业发展趋势，顺应市场竞争需要，抓住项目管理的本质特征，转变和创新项目管理模式。采取什么样的项目管理模式需要在组织结构及职能分配等基本问题上作出平衡和选择，总体应遵循监管能力和任务匹配、扁平化管理的原则。同时，项目管理模式的塑造是企业管理的重大变革，牵一发而动全身，需要从多方面入手，分步骤分阶段有序开展，在变革过程中保持企业经营活动的稳定有序。

参考文献

[1]　（美）哈罗德·科兹纳. 项目管理：计划、进度和控制的系统方法. 杨爱华译. 北京：电子工业出版社，2014.

常营三期剩余地块公共租赁住房项目机电 BIM 综合应用研究

王 维 罗贤标

（北京城乡建设集团有限责任公司）

1 项目概况

本工程为北京市常营三期剩余地块公共租赁住房项目二标段，工程建筑面积 10.66 万 m^2，含 4 栋高层住宅楼，及商业办公楼、养老院、派出所等配套公建，共 13 个单体建筑，其中 2 号、3 号住宅楼主体结构采用了现浇施工与装配式施工相结合的施工方式，为市保障性住房投资建设中心首个产业化住宅项目。

根据该工程结构类型丰富、单体数量多、占地和建筑面积较大、工期紧等特点，在本项目中探索应用了 BIM 技术。本文重点阐述 BIM 在地下车库机电安装工程中的应用。地下车库机电专业主要包括：强电系统、弱电系统、消防系统、通风系统、给水排水系统等。

2 工作流程

工作流程如图 1 所示。

3 BIM 实施介绍

3.1 建模

在工程开工前，BIM 小组使用 REVIT 软件在电子版 CAD 施工图上，分专业（建筑、结构、电气、消防、暖通、给水排水等）建模。

主要建模规则如下：

（1）对每一层的机电线路分别进行建模。

（2）建筑部件必须根据相应类别建造。如果 BIM 软件自带的构件无法满足项目模型需要，则需要制作另外的机电设备并正确定义构件的类别。保证软件进行正确的分析、统计或交互操作。

（3）模型参数需包含工料估算所必需的种类、材料、ID、尺寸等。

根据上述建模规则，BIM 小组完成了 3 号、4 号地下车库土建建模与机电专业建模，其中 4 号地下车库的部分模型如图 2 所示。

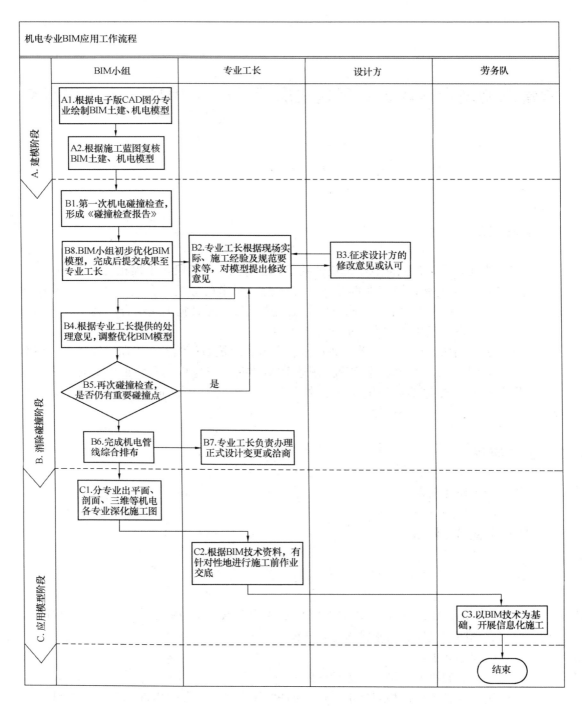

图1 工作流程

3.2 碰撞检查

（1）进行第一次碰撞检查前，安排专人对 BIM 模型进行了核查。核查以施工蓝图为准，力求模型信息准确，消除人为 BIM 建模失误，避免由此带来的机电管线碰撞结果

图2 4号地下车库的部分模型

失真。

（2）进行第一次碰撞检查，通过简单排查后，发现主要碰撞点19处，一般碰撞点56处，涉及的碰撞问题主要包括：通风风管与电缆桥架、消防支管与通风风管、给水管与电缆桥架、消火栓主管与电缆桥架、消火栓主管与喷淋支管、结构预留洞与图纸不符、预留孔洞与梁碰撞等，由BIM小组汇总整理，形成《碰撞检查报告》。

3.3 碰撞点消除

根据《碰撞检查报告》，由BIM小组对模型进行了初步优化，并将优化后的模型提交至专业工长进行复核。各专业工长根据施工现场实际情况、施工经验及规范要求等，对BIM模型提出了多项改进意见，在此过程中，通风、消防等专业模型调整曾多次向设计院征求意见，尽可能争取设计方的理解和支持。BIM小组认真梳理了工长提出的修改方案，并及时优化模型。通过BIM小组、各专业工长、设计方之间不断地沟通和交流，BIM小组反复多次调整模型，直至主要碰撞点全部消除。

以下为部分碰撞点消除示例，如图3～图5所示。

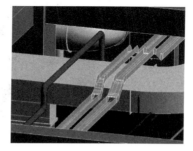

图3 电缆桥架与通风管碰撞

3.4 BIM应用技术成果

为便于指导工程施工，BIM模型通过碰撞检查并优化调整后，针对复杂节点或管线密集处，BIM小组提供了三维节点图、剖面图等，充分体现BIM可视化、协调性、模拟

图 4　消火栓主管与喷淋支管碰撞

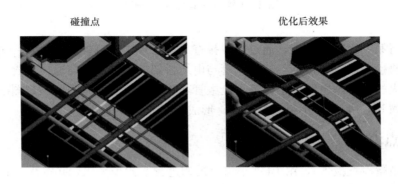

图 5　电缆桥架与给水管碰撞

性、优化性、可出图性等特点。具体如图 6、图 7 所示。

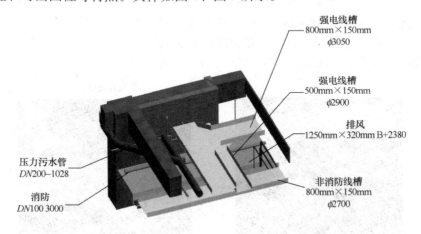

图 6　3 号地下车库地下二层⑧-⑤/⑧-ⒺE 处 BIM 三维立体图

　　模型经过多次调整，当管线路由平面位置变化较大时，可根据需要，由 BIM 小组为专业工长提供二次深化平面图，图 8 为通风管线路由的二次深化平面图。

3.5　应用 BIM 模型指导施工

　　机电安装开工前，项目部专业技术人员依据 BIM 小组提供的 BIM 模型、专业二次深

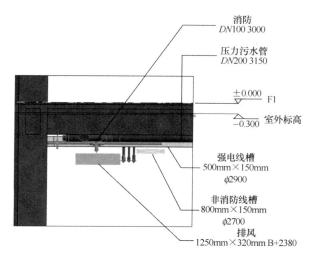

消防
DN100 3000

压力污水管
DN200 3150

±0.000 F1

−0.300 室外标高

强电线槽
500mm×150mm
φ2900

非消防线槽
800mm×150mm
φ2700

排风
1250mm×320mm B+2380

图7 3号地下车库地下二层⑧-⑤/⑧-Ⓔ处 BIM 剖面图

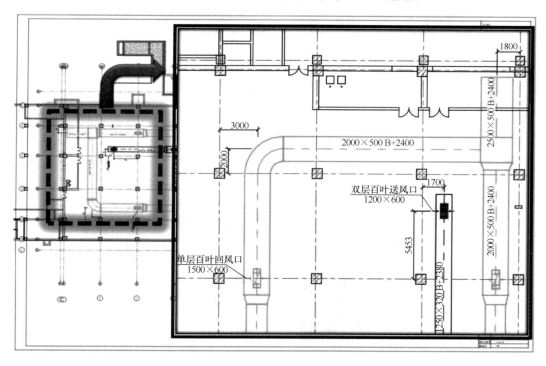

图8 通风管线路由的二次深化平面图

化平面图、复杂节点三维节点图、剖面图等工程资料，结合施工作业指导书等，对施工作业班组进行可视化技术交底，改变以往技术交底内容陈旧、形式枯燥，工人看不懂，记不住等弊端，可视化交底过程直观、生动，并配以漫游动画，有效提升沟通效率，以通俗易懂的方式传授给施工作业人员，使施工人员对工程特点、技术质量要求、施工方法与措施和安全等方面有一个较详细的了解，以便于科学地组织施工，避免技术质量等事故的发生。

4 现场机电安装与 BIM 模型对比

应用 BIM 技术进行三维管线的碰撞检查，不但能够彻底消除硬碰撞、软碰撞，减少在建筑施工阶段可能存在的拆装、返工和浪费，而且通过管线综合优化后，排布更加合理，满足工程的净高要求，预留足够的检修空间（图 9）。通过现场机电安装与 BIM 模型对比也发现，机电管线实际排布情况与 BIM 模型吻合度较高，充分体现 BIM 技术能很好地指导工程施工。

图 9 BIM 模型与现场机电安装对比

在 BIM 应用实践过程中，BIM 小组的工程师往往根据三维模型及碰撞检测结果作综合管线排布，因缺乏现场施工经验、不熟悉规范要求等原因，容易忽略施工空间、安装顺序及工作面等问题，致使部分 BIM 管线综合成果无法指导施工。此外，目前 BIM 软件也存在某些不足，如在空间狭小处，管线实际可以翻弯，而在 BIM 建模时无法模拟操作，见图 10 所示。

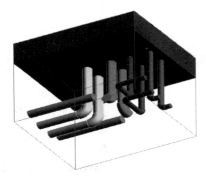

图 10 BIM 模型与现场机电安装对比

5 结语

本项目 3 号、4 号地下车库机电安装工程中，通过积极推广应用 BIM 新技术，有效避免了不必要的返工、整改，合理缩短工期的同时，成本效益也非常明显，为机电管线精益安装、数字化工程管理实施提供了依据。建议公司在后续大型复杂公建施工中深化应用 BIM 技术，进一步挖掘 BIM 技术在安全、质量、进度、成本等方面的应用价值，提升企业综合管理水平，增强市场竞争力。